建筑工程施工现场专业人员继续教育培训教材

建设工程合同管理

林文剑　编

中国环境科学出版社·北京

图书在版编目(CIP)数据

建设工程合同管理 / 林文剑编. — 北京: 中国环境科学出版社,2011.3重印

二级建造师继续教育培训教材

ISBN 978-7-5111-0367-3

Ⅰ. ①建… Ⅱ.①林… Ⅲ.①建筑工程—经济合同—管理—技术培训—教材 Ⅳ.①TU723.1

中国版本图书馆 CIP 数据核字(2010)第 176548 号

责任编辑 高 峰
责任校对 扣志红
封面设计 兆远书装

出版发行 中国环境科学出版社
(100062 北京东城区广渠门内大街 16 号)
网 址:http://www.cesp.com.cn
联系电话:010-67112739(第三图书出版中心)
发行热线:010-67125803,67130471(传真)
印 刷 北京东海印刷有限公司
经 销 各地新华书店
版 次 2010 年 11 月第 1 版
印 次 2011 年 3月第 2 次印刷
开 本 850×1168 1/32
印 张 3.5
字 数 100 千字
定 价 10.00 元

前　言

随着工程技术、项目管理的不断发展以及法律法规、标准规范和政策的不断完善，需要建筑工程施工现场专业人员通过继续教育及时掌握与工程有关的法律法规、标准规范和政策，熟悉工程项目管理的新理论、新办法，了解工程建设的新技术、新材料、新设备及新工艺，适时更新业务知识，不断提高业务素质和执业水平。

为满足建筑工程施工现场专业人员继续教育培训的需求，四川省建设厅培训考核办公室组织编写了本教材。在教材编写过程中，既注重建设工程合同管理理论发展的跟踪，又注重了工程合同管理的实践能力培养，全书共分为四章，第一章介绍建设工程施工招投标管理，第二章介绍工程量清单计价，第三章介绍建设工程施工合同管理，第四章介绍建设工程施工索赔，每章中均有相关案例分析。

本书由四川建筑职业技术学院林文剑编写。

由于本书编者水平及经验有限，本书中的缺点和谬误在所难免，敬请各位读者批评指正。

编者

2010 年 12 月

目 录

第一章　建设工程施工招投标管理

第一节　建设工程施工招标

一、建设工程施工招标概述

1. 建设工程施工招标的概念

工程施工招标是指招标人就施工任务发布招标公告吸引或直接邀请众多投标人参加投标，并按照规定程序从中选出技术能力强、管理水平高、信誉可靠且报价合理的承建单位，并以签订合同的方式约束双方在工程施工过程中行为的经济活动。

在建设工程施工招标中是招标人根据招标项目的特点和需要编制的招标文件，包括招标项目的技术要求、对投标人资格审查的标准、投标报价要求和评标标准等具体指标，内容明确。各投标人在统一的前提条件下编制投标书，在评标中易于横向对比，对各施工单位完成该项目任务的技术、经济、管理等方面的实力有综合性要求。

2. 建设项目招标的范围

(1) 强制招标的范围

我国《招标投标法》指出，凡在中华人民共和国境内进行下列工程建设项目，包括项目的勘察、设计、施工、监理以及与工程建设有关的重要设备、材料等的采购，必须进行招标。主要包括：

1）大型基础设施、公用事业等关系社会公共利益、公众安全的项目：其中关系社会公共利益、公众安全的基础设施项目的范围包括能源、交通运输、邮电通讯、水利、城市设施、生态环境保护项目和其他基础设施项目；关系社会公共利益、公众安全的公用事业项目的范围包括：供水(电、气、热)等建设工程项目，科教文卫体等项目，商品住宅（包括经济适用住房）和其他公用事业项目。

2）全部或者部分使用国有资金投资或国家融资的项目：其中使用国有资金投资项目的范围包括使用各级财政预算资金的项目，使用纳入财政管理的各种政府专项建设基金的项目，使用国有企业事业单位自有资金，并且国有资产投资者实际拥有控制权的项目；国家融资项目的范围包括使用国家发行债券所筹资金的项目，使用国家对外借款或担保所筹资金的项目，使用国家政策性贷款的项目，国家授权投资主体融资的项目和国家特许的融资项目。

3）使用国际组织或者外国政府贷款、援助资金的项目：其范围包括使用世界银行、亚洲开发银行等国际组织资金的项目，使用外国政府及其机构贷款资金的项目，使用国际组织或者外国政府援助资金的项目。

任何单位和个人不得将依法必须进行招标的项目化整为零或者以其他任何方式规避招标。

在规定范围内的各类工程建设项目，包括项目的勘察、设计、施工、监理以及与工程建设有关的重要设备、材料等的采购，达到下列标准之一的，必须进行招标：

① 施工单项合同估算价在 200 万元人民币以上的；

② 重要设备、材料等货物的采购，单项合同估算价在 100 万元人民币以上的；

③ 勘察、设计、监理等服务的采购，单项合同估算价在 50 万元人民币以上的；

④ 单项合同估算价低于以上规定的标准，但项目总投资额在 3 000 万元人民币以上的。

省、自治区、直辖市人民政府建设行政主管部门报经同级人民政府批准，可以根据实际情况，规定本地区必须进行工程施工招标的具体范围和规模标准，但不得缩小必须进行施工招标的范围。依法必须进行招标的项目，其招标投标活动不受地区或者部门的限制。任何单位和个人不得违法限制或者排斥本地区、本系统以外的法人或者其他组织参加投标，不得以任何方式非法干涉招标投标活动。

（2）可以不进行招标的项目

《房屋建筑和市政基础设施工程施工招标投标管理办法》中规定工程有下列情形之一的，经县级以上地方人民政府建设行政主管部门批准,可以不进行施工招标：

1）停建或者缓建后恢复建设的单位工程,且承包方未发生变更的；

2）施工企业自建自用的工程,且该施工企业资质等级符合工程要求的；

3）在建工程追加的附属小型工程或者主体加层工程,且承包方未发生变更的；

4）法律、法规、规章规定的其他情形。

二、建设工程施工招标的方式

我国施工招标方式有公开招标和邀请招标。

1. 公开招标

公开招标，是指招标人以招标公告的方式邀请不特定的法人或者其他组织投标,是一种无限制的竞争方式。

公开招标的优点是招标人有较大的选择范围，可在众多的投标人中选定报价合理、工期较短、信誉良好的承包商,有助于打破垄断,实行公平竞争。

2. 邀请招标

邀请招标，是指招标人以投标邀请书的方式邀请特定的法人或者其他组织投标。招标人采用邀请招标方式的,应当向三个以上具备承担招标项目能力、资信良好的特定的法人或者其他组织发出投标邀请书。

邀请招标虽然也能够邀请到能力较强、资信较好的投标者投标,保证合同的履行,但由于限制了竞争范围,可能会失去技术上和报价上更有竞争力的投标者。

非国有企业自筹资金可以采用邀请招标方式。

国有资金投资或国家融资的项目一般在以下几种情况下才可以采用邀请招标方式：

(1) 因技术复杂、专业性强或者其他特殊要求等原因，只有少数几家潜在投标人可以选择的；

(2) 采购规模小，为合理减少采购费用和采购时间而不适宜公开招标的；

(3) 法律或者国务院规定的其他不适宜公开招标的情形。

凡按照规定应该招标的工程不进行招标，应该公开招标的工程不公开招标的，招标人所确定的承包单位一律无效。建设行政主管部门按照《建筑法》第八条的规定，不予颁发施工许可证，对于违反规定擅自施工的，依据《建筑法》第六十四条的规定，追究其法律责任。

三、工程施工项目招标条件

1. 招标人进行工程施工招标应当具备的条件

(1) 按照国家有关规定需要履行项目审批手续的，已经履行审批手续；

(2) 工程资金或者资金来源已经落实；

(3) 有满足施工招标需要的设计文件及其他技术资料；

(4) 法律、法规、规章规定的其他条件。

2. 建设工程施工项目招标应提供的资料

(1) 招标人法人资格证明；

(2) 计划批文；施工图设计审查报告；

(3) 银行出具的资金证明；

(4) 规划用地许可证。

3. 招标人应具备的基本条件：

(1) 招标人是法人或依法成立的其他组织；

(2) 有与招标工程相适应的经济技术管理人员；

(3) 有组织编制招标文件的能力；

(4) 有审查投标单位资质的能力；

(5) 有组织开标、评标、定标的能力。

招标人具有编制招标文件和组织评标能力的，可以自行办理招标事宜，任何单位和个人不得强制其委托招标代理机构办理招标事宜。

不具备上述条件的，应当委托具有相应资格的工程招标代理机构代理施工招标。

四、招标程序

招标是招标人选择中标人并与其签订合同的过程，而投标则是投标人力争获得实施合同的竞争过程，招标人和投标人均需遵循招投标法律和法规进行招标、投标活动。图 1–1 为建设工程招标程序,按照招标人和投标人参与程度,可将招标过程粗略划分为招标准备阶段、招标投标阶段和决标成交阶段。

(一) 招标准备阶段的主要工作

招标准备阶段的工作由招标人单独完成，投标人不参与。主要工作包括以下几个方面。

1. 选择招标方式

(1) 根据工程特点和招标人的管理能力确定发包范围。

(2) 依据工程建设总进度计划确定项目建设过程中的招标次数和每次招标的工作内容。

(3) 按照每次招标前准备工作的完成情况。

2. 办理招标备案

招标人向建设行政主管部门办理申请招标手续。招标备案文件应说明:招标工作范围;招标方式;计划工期;对投标人的要求;对投标人的资质要求;招标项目前期准备工作的完成情况;自行招标还是委托代理招标等内容。获得认可后才可以开展招标工作。

(二) 招标阶段的主要工作内容

1. 招标公告和投标邀请书的编制与发布

依法必须公开招标项目的招标人,应当发布招标公告。招标

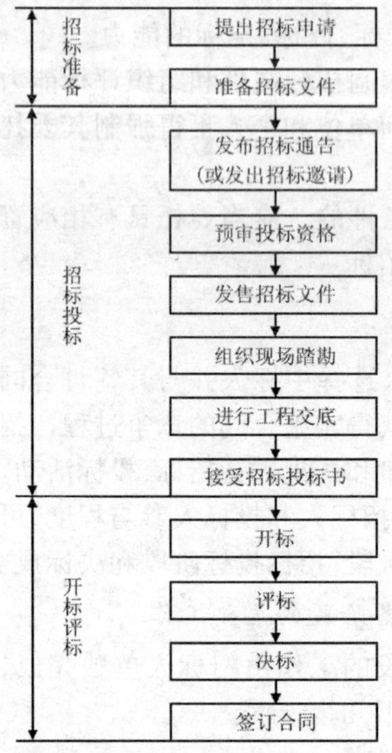

图 1-1　建设工程招标程序

公告是指采用公开招标方式的招标人(包括招标代理机构)向所有潜在的投标人发出的一种广泛的通告。招标公告的目的是使所有潜在的投标人都具有公平竞争的投标机会。投标邀请书是指采用邀请招标方式的招标人，向三个以上具备承担招标项目能力、资信良好的特定法人或者其他组织发出的参加投标的邀请函。

(1) 招标公告的内容

按照《招标投标法》的规定,招标公告应当载明招标人的名称和地址,招标工程的性质、规模、地点,是否需要进行资格预审及获取招标文件的办法等事项。

(2) 招标公告的发布

为了规范招标公告发布行为,保证潜在投标人平等、便捷、准确地获取招标信息,原国家发展计划委员会令发布的自 2004 年 5 月 25 日起生效实施的《招标公告发布暂行办法》,对强制招标项目招标公告的发布做出了明确的规定。

2. 资格预审

资格预审是指在招标开始之前或开始初期，由招标人对申请参加投标的潜在投标人的资质条件、业绩、信誉、技术、资金等多方面情况进行资格审查。只有在资格预审中被认定为合格的潜在投标人,才可以参加投标。资格预审的目的是为了排除那些不合格的投标人,进而降低招标人的采购成本,提高招标工作的效率。招标人不得以不合理的条件限制或者排斥潜在投标人,不得对潜在投标人实行歧视。

资格预审文件一般应当包括资格预审申请书格式、申请人须知,以及需要投标申请人提供的企业资质、业绩、技术装备、财务状况和拟派出的项目经理与主要技术人员的简历、业绩等证明材料。

(1) 投标人应具备的条件

投标人应当具备与投标项目相适应的技术力量、机械设备、人员、资金等方面的能力,具有承担该招标项目的能力。参加投标项目是投标人的营业执照中的经营范围所允许的，并且投标人要具备相应的资质等级。

招标人可以在招标文件中对投标人的资格条件做出规定，投标人应当符合招标文件规定的资格条件，如果国家对投标人的资格条件有规定的,则依照其规定。

(2) 共同投标的联合体的基本条件

两个以上法人或者其他组织可以组成一个联合体，联合体各方均应当具备承担招标项目的相应能力，并以一个投标人的身份共同投标。由同一专业的单位组成的联合体，按照资质等级较低的单位确定资质等级。联合体各方应当签订共同投标协议，明确约定各方拟承担的工作和责任，并将共同投标协议连同投标文件一并提交招标人。联合体中标的，联合体各方应当共同与招标人签订合同，就中标项目向招标人承担连带责任。

（3）资格预审的程序

1）发布资格预审通告：资格预审通告是指招标人向潜在投标人发出的参加资格预审的告示。就建设项目招标而言，可以考虑由招标人在一家全国或者国际发行的报刊和国务院为此目的指定的这类刊物上发表邀请资格预审的公告。

2）发出资格预审文件：资格预审公告后，招标人向申请参加资格预审的申请人发放或者出售资格审查文件。资格预审的内容包括基本资格审查和专业资格审查两部分。基本资格审查是指对申请人的合法地位和信誉等进行的审查，专业资格审查是对已经具备基本资格的申请人履行拟定招标项目能力的审查。

3）对潜在投标人资格的审查和评定：招标人在规定时间内，按照资格预审文件中规定的标准和方法，对提交资格预审申请书的潜在投标人资格进行审查。

4）发出预审合格通知书：经资格预审后，招标人应当向资格预审合格的投标申请人发出资格预审合格通知书，告知获取招标文件的时间、地点和方法，并同时向资格预审不合格的投标申请人告知资格预审结果。

3. 招标文件的编制和发售

（1）招标文件的编制

按照我国《招标投标法》的规定，建设工程招标文件由招标人或其委托的咨询机构编制发布，其中包括对招标项目的技术要求、对投标人资格审查的标准、投标报价要求和评标标准等所有实质性要求和条件以及拟签合同的主要条款。它既是投标人编制投标文件的依据，也是招标人与将来中标单位签订工程承包合同的基础。

1）按照原国家建设部《房屋建筑和市政基础设施工程施工招标投标管理办法》，工程施工招标应当具备下列条件：

① 按照国家有关规定需要履行项目审批手续的，已经履行

审批手续；

② 工程资金或者资金来源已经落实；

③ 有满足施工招标需要的设计文件及其他技术资料；

④ 法律、法规、规章规定的其他条件。

2）在建设部第 89 号令中指出，招标人应当根据招标工程的特点和需要，自行或者委托工程招标代理机构编制招标文件。招标文件应当包括下列内容：

① 投标须知，包括工程概况，招标范围，资格审查条件，工程资金来源或者落实情况（包括银行出具的资金证明），标段划分，工期要求，质量标准，现场踏勘和答疑安排，投标文件编制，提交、修改、撤回的要求，投标报价要求，投标有效期，开标的时间和地点，评标的方法和标准等；

② 招标工程的技术要求和设计文件；

③ 采用工程量清单招标的，应当提供工程量清单；

④ 投标函的格式及附录；

⑤ 拟签订合同的主要条款；

⑥ 要求投标人提交的其他材料。

依法必须进行施工招标的工程，招标人应当在招标文件发出的同时，将招标文件报工程所在地的县级以上地方人民政府建设行政主管部门备案。

3）根据《招标投标法》和原国家建设部的有关规定，施工招标文件编制中应遵循如下规定：

① 说明评标原则和评标办法；

② 确定合同价格。投标价格中，一般结构不太复杂或工期在 12 个月以内的工程，可以采用固定价格，考虑一定的风险系数。结构较复杂或大型工程，工期在 12 个月以上的，应采用调整价格；

③ 明确投标价格计算依据；

④ 明确赶工措施费的计取并明确由于误工给建设单位带来的损失费用的计算方法；

⑤ 明确建设单位要求按合同工期提前竣工交付使用时提前工期奖的计取及计算；

⑥ 明确投标准备时间及投标有效期；

⑦ 明确投标保证金数额及支付方式；

⑧ 中标单位提交履约担保的形式及比率；

⑨ 明确材料或设备采购、运输、保管的责任；

⑩ 明确投标人投标报价的计算规则及依据；

⑪ 确定“招标文件合同协议条款”内容。

（2）招标文件的发售

招标人将招标文件发售给通过资格预审、获得投标资格的投标人。投标人在收到招标文件后，应认真核对，核对无误后应以书面形式予以确认。

4. 招标文件的澄清与修改

投标人在收到招标文件后，若有问题需要澄清，应于收到招标文件后以书面形式向招标人提出，招标人将以书面形式或投标预备会的方式予以解答，答复将送给所有获得招标文件的投标人。

招标人对已发出的招标文件进行必要的澄清或者修改的，应当在招标文件要求提交投标文件截止时间至少 15 日前，以书面形式通知所有招标文件收受人。该澄清或者修改的内容为招标文件的组成部分，对双方均有约束作用。

（三）开标评标阶段主要工作内容

1. 开标

建设项目招投标的最后阶段包括开标、评标和定标，是招标程序中极为重要的环节。只有做出客观、公正的评标、定标，才能选择最理想的承包商，从而保证建设项目的顺利实施。

投标文件出现下列情形之一的，应当视为无效，不得参与评标。

（1）投标文件未按照招标文件的要求予以密封的；

（2）投标文件中的投标函未加盖投标人及其法定代表人印

章的，或者法定代表人委托代理人没有合法、有效的委托书（原件）及委托代理人印章的；

（3）投标文件的关键内容字迹模糊、无法辨认的；

（4）投标人未按照招标文件的要求提供投标保函或者投标保证金的；

（5）组成联合体投标，投标文件未附联合体各方共同投标协议的；

（6）其他符合招标文件规定废标条件的。

2. 评标

评标活动应遵循公平、公正、科学、择优的原则，招标人应当采取必要的措施，保证评标在严格保密的情况下进行。

评标委员会由招标人或其委托的招标代理机构熟悉相关业务的代表，以及有关技术、经济等方面的专家组成，成员人数为5人以上的奇数，其中技术、经济等方面的专家不得少于成员总数的2/3。一般项目，可以采取随机抽取的方式；技术特别复杂、专业性要求特别高或者国家有特殊要求的招标项目，可以由招标人直接确定。与投标人有利害关系的人不得进入相关工程的评标委员会。

评标程序分为初步评审和详细评审。

（1）初步评审

初步评审的内容包括对投标文件的形式评审、资格评审、响应性评审和技术评审。有一项不符合评审标准的，作废标处理。

1）投标文件的形式评审：投标文件的形式评审包括商务证件符合；投标文件实质上响应招标文件的所有条款、条件；格式；法人委托签字盖章；报价唯一等。

2）投标文件的资格评审包括：企业资质和项目经理资格等级符合；安全生产许可证；类似业绩；财务状况。

3）投标文件的响应性评审包括：工期条件；质量等级；投标保证金；工程量清单；符合合同条款及格式的规定等。

4）投标技术方案的技术评审包括：施工方案和技术措施；

质量控制措施；安全文明体系和控制措施；工期计划、劳动力安排资源配备、施工设备、主要技术管理人员对施工现场周围环境污染的保护措施评估。

（2）详细评审

经初步评审合格的投标文件，评标委员会应当根据招标文件确定的评标标准和方法，对其商务部分作进一步评审、比较。投标报价校核，审查全部报价数据计算的正确性，分析报价构成的合理性，按工程量清单报价的，需复核工程量是否与提供的清单量一致，设有标底的与标底价格进行对比分析。

发现投标人工程报价明显低于其他报价，或在设有控制价时明显低于控制价，使其投标报价可能低于成本的，评标委员会即招该投标人进行澄清。评标委员会可以要求投标人对投标文件中含义不明确的内容作必要的澄清或者说明，但是澄清或者说明不得超出投标文件的范围或者改变投标文件的实质性内容。投标人不能合理说明或不能提供相应证明材料的，由评标委员会认定为低于成本报价竞标，作废标处理。

【例 1-1】在某筑路工程项目评标过程中，评标委员会发现其中一投标人所投混凝土工程单价明显偏低，评标委员会立即招该投标人进行澄清。通过反复询问，评标人了解到是由于其采用了新工艺，投标单位提供了此项新工艺的技术资料作为证明。通过澄清，评标人判明了这项措施的可行性，对此报价给予了认可。

评标委员会完成评标后，应当向招标人提出书面评标报告，并推荐合格的中标候选人。招标人根据评标委员会提出的书面评标报告和推荐的中标候选人确定中标人，招标人也可以授权评标委员会直接确定中标人。

1）评标方法：评标方法包括综合评估法、经评审的最低投标价法或者法律、行政法规允许的其他评标方法。

① 综合评估法。采用综合评估法，应当对投标文件提出的工程质量、工期、投标价格、施工组织设计或者施工方案、投标人

及项目经理业绩等，能否最大限度地满足招标文件中规定的各项要求和评价标准进行评审和比较。以评分方式进行评估的，对于各种评比奖项不得额外计分。

② 经评审的最低投标价法。即能够满足招标文件的实质性要求，并且经评审的投标价最低的投标人为中标候选人。这种评标方法是按照评审程序，经初审后，以合理低标价作为中标的主要条件。合理的低标价必须是经过终审，报价不低于控制价的85%，且技术方案评审可行，证明是实现低标价的措施有力可行的报价。但不保证最低的投标价中标，因为这种评标方法在比较价格时必须考虑一些修正因素。世界银行、亚洲开发银行等都是以这种方法作为主要的评标方法。

最低投标价法一般适用于具有通用技术、性能标准或者招标人对其技术、性能没有特殊要求的招标项目。

③ 法律、行政法律允许的其他评标方法。在法律、行政法规允许的范围内，招标人也可以采用其他评标方法。

评标委员会经过对投标人的投标文件进行初审和终审以后，评标委员会要填写书面评标报告，推荐中标候选人，并由评标委员会全体成员签字。

3. 定标

（1）中标候选人的确定

评标委员会推荐的中标候选人应当是在评分排名有效的前三名，并标明排列顺序。

中标人的投标应当符合下列条件之一：

1）能够最大限度地满足招标文件中规定的各项综合评价标准；

2）能够满足招标文件的实质性要求，并且经评审的投标价格最低；但是投标价格低于成本的除外。

对使用国有资金投资或者国家融资的项目，招标人应当确定排名第一的中标候选人为中标人。排名第一的中标候选人放弃中标、因不可抗力提出不能履行合同或者招标文件规定应当提交履约保证金而在规定的期限内未能提交的，招标人可以确定排名第二的中标候选人为中标人。

招标人可以授权评标委员会直接确定中标人。

在确定中标人之前，招标人不得与投标人就投标价格、投标方案等实质性内容进行谈判。有下列情形之一的，评标委员会可以要求投标人做出书面说明并提供相关材料。

1）设有标底的，投标报价低于标底合理幅度的；

2）不设标底的，投标报价明显低于其他投标报价，有可能低于其企业成本的。经评标委员会论证，认定该投标人的报价低于其企业成本的，不能推荐为中标候选人或者中标人。

招标人应当在投标有效期截止时限 30 日前确定中标人，建设行政主管部门自收到书面报告之日起 5 日公示时间内未通知招标人在此次招投标活动中有违法行为举报的，招标人可以向中标人发出中标通知书，并将中标结果同时通知所有未中标的投标人。

（2）发出中标通知书并订立书面合同

招标人和中标人应当自中标通知书发出之日起 30 日内，按照招标文件和中标人的投标文件订立书面合同，并同时将中标结果通知所有未中标的投标人。招标人和中标人不得再行订立背离合同实质性内容的其他协议。招标人无正当理由不与中标人签订合同，给中标人造成损失的，招标人应当给予赔偿。招标文件要求中标人提交履约保证金的，中标人应当提交。招标人应当同时向中标人提供工程款支付担保。中标人不与招标人订立合同的，投标保证金不予退还并取消其中标资格，给招标人造成的损失超过投标保证金数额的，应当对超过部分予以赔偿，没有提交投标保证金的，应当对招标人的损失承担赔偿责任。

【例 1–2】中标通知书

致新大陆路桥工程公司：

区外环路工程第十四号路段工程：（进入承包工程名称）

合同编号 200600842

有关贵公司于2005年2月26日提交的上述工程的投标文件，经我方分析研究，并分别于2005年3月17日及2005年3月18日共两次与贵公司对投标文件内容进行澄清、补充及修正后，现正式通知贵公司，我方已选定贵公司为该项招标工程之中标单位：

1. 合同总价为人民币：一千五百二十八万元(￥15 280 000)。上述总价是由《工程量清单》内所列之工程数量及固定包干单价计算组成，经双方协商修正后作为该项承包工程之合同总价。

2. 贵公司须在接到本通知后30天内办理履约保证手续，并于2005年5月10日前按合同进度要求正式开展该项承包合同工程。

3. 贵、我双方必须签署一份按投标文件经双方协商修正后编制的合同协议书，作为正式之合同文件，在正式合同签署以前，本通知书连同贵公司送回的投标文件及原标书文件，与双方在协商期间的来往补充文件及经协商同意的有关文件的补遗书或确认书作为约束贵、我双方的有效的合同文件。

谨此函告！

××市城建局(公章)

×××(签名)

2005年3月20日

第二节　建设工程施工投标

一、建设工程施工投标的概念

建设工程施工项目投标是招标的对称概念，指具有合法资格和能力的投标人，根据招标条件，在指定期限内填写标书，提出报价，并等候开标，决定能否中标的经济活动。

建设工程施工项目的投标人是响应施工招标、参与投标竞争的施工企业。投标人应当具备相应的施工企业资质，并在工程业绩、技术能力、项目经理资格条件、财务状况等方面满足招标文件提出的要求。投标人应当按照招标文件的要求编制投标文件，对招标文件提出的实质性要求和条件作出响应。

投标文件应当包括下列内容：

（1）投标函；

（2）法人代表证明和法人代表授权委托书；

（3）投标保证金；

（4）投标报价（已标价工程量清单）；

（5）企业相关资质证明、营业执照等资格审查材料；

（6）项目管理机构及人员（岗位证、资质证、社保证明等）；

（7）企业业绩；

（8）财务审计报告；

（9）施工组织设计或者施工方案；

（10）招标文件要求提供的其他材料。

二、投标程序

（1）取得招标信息，进行投标决策

广泛收集市场中的招标信息，分析招标项目、招标人的条件及竞争对手的情况，结合施工企业自身的特点，决定是否参加投标。

（2）报名投标并参加资格审查，获取招标文件

在决定参加投标后，投标人应及时报名参加投标，明确向业主表明参加投标的意愿，以便得到资格审查的机会，同时向业主提交一份内容齐全、符合要求的资格审查文件，按招标人的要求购买及领取相关的招标文件。

（3）组织专门机构和人员详细研究招标文件

一旦通过资格审查得到招标文件，就立即组织人员研究招标文件。为了在投标竞争中获胜，投标人平时就应该设置投标工作机构，掌握市场动态、积累有关信息资料等。

（4）现场勘察、调查投标环境

在报价前要详尽了解项目所在地的环境、自然条件、生产和生活条件等，投标人只有做到熟知投标要求才能制定适合自身

条件的施工方案及切实可行的投标策略。

(5) 制定施工方案，确定投标策略，编制投标文件

施工方案是招标人评标时考虑的主要因素之一，投标人考虑的施工方法和施工工艺等不仅关系到工期，而且与工程成本和报价也有密切关系，既要紧紧抓住工程特点、降低工程成本、缩短工期，又要充分地利用机械设备和劳动力。投标书递交之前应当对报价进行多方面的分析，目的是研究报价的合理性、竞争性，从而决定最终的报价策略，报出体现本施工企业能力及具有竞争力的投标文件。

(6) 投标报价

投标人应按招标文件的报价要求及工程特点，参照施工图纸、技术规范、材料价格信息、企业核定的取费证和收费证及自身能力，编报合理的工程造价。

(7) 按要求递送投标文件

投标人应按招标文件的要求对招标文件进行实质性的响应，在招标文件中规定的时间内将投标文件以密封的方式递交到招标文件指定的地点，等候开标。

三、投标文件的编制与递交

(一) 投标文件的编制内容

按照中华人民共和国标准施工招标文件范本(2007年版)格式，投标人应当按照招标文件的要求编制投标文件，对招标文件提出的实质性要求和条件做出响应。

投标文件应当包括下列内容：

(1) 商务标：①投标函；②法人代表证明和法人代表授权委托书；③投标保证金；④投标报价(已标价工程量清单)；⑤企业相关资质证明、营业执照等资格审查材料；⑥项目管理机构及人员(岗位证、资质证、社保证明等)；⑦企业业绩；⑧财务审计报告；⑨招标文件要求提供的其他材料。

(2) 技术标：施工组织设计或者施工方案。

（二）投标文件的编制要求

1. 投标文件编制的一般要求(响应性)

(1) 投标人编制投标文件时必须使用招标文件提供的投标文件表格格式,但表格可以按同样格式扩展。投标保证金、履约保证金的方式,按招标文件有关条款的规定可以选择。投标人根据招标文件的要求和条件填写投标文件的空格时，凡要求填写的空格都必须填写,不得空着不填,凡要求签字的必须签字不得打印;否则,即被视为放弃意见。实质性的项目或数字如工期、质量等级、价格等未填写的，将被作为无效或作废的投标文件处理。将投标文件按规定的日期送交招标人,等待开标、决标。

(2) 应当编制的投标文件“正本”仅一份,“副本”则按招标文件前附表所述的份数提供,同时要在标书封面标明“投标文件正本”和“投标文件副本”字样。投标文件正本和副本如有不一致之处,以正本为准。

(3) 投标文件正本和副本均应使用不能擦去的墨水打印或书写,各种投标文件的填写都要字迹清晰、端正,补充设计图纸要整洁、美观。

(4) 所有投标文件均由投标人的法定代表人（或由法人代表授权人)签署、加盖印鉴,并加盖法人单位公章。

(5) 填报投标文件应反复校核，全套投标文件均应无涂改和行间插字,除非这些删改是根据招标人的要求进行的,或者是投标人造成的必须修改的错误。修改处应由投标文件签字人签字证明并加盖印鉴。

(6) 如招标文件规定投标保证金为合同总价的某百分比时，开投标保函不要太早，以防泄露己方报价。但有的投标商提前开出并故意加大保函金额,以麻痹竞争对手的情况也是存在的。

(7) 投标人应将投标文件的技术标和商务标分别密封在内层包封,再密封在一个外层包封中,并在内封上标明“技术标”和“商务标”。标书包封的封口处都必须加贴封条,封条贴缝应全部加盖密封章或法人章。内层和外层包封都应由投标人的法定代表人签署、加盖印鉴，并加盖法人单位公章。内层和外层包封都应写明投标人名称和地址、工程名称、招标编号，并注明开标时间以前不得开封。在内层和外层包封上还应写明投标人的名称与地址、邮政编码，以便投标出现逾期送达时能原封退回。如果内外层包封没有按上述规定密封并加写标志，投标文件将被拒绝，并退还给投标人。投标文件应按时递交至招标文件前附表所述的单位和地址，按照招标文件要求的格式密封。

（8）投标文件的打印应力求整洁、悦目，避免使评标专家产生反感。投标文件的装订也要力求精美，使评标专家从侧面产生对投标人企业实力的认可。

2. 技术标编制的要求（题答式）

技术标与施工组织设计虽然在内容上是一致的，但在编制要求上却有一定差别。施工组织设计的编制一般注重管理人员和操作人员对规定和要求的理解和掌握，有实际操作性。而技术标则要求按照招标文件技术标具体要求回答问题，找准得分点，能让评标委员会的专家们在较短的时间内，发现标书的价值和独到之处，从而给予较高的评价。因此，技术标编制应注意以下问题：

（1）针对性

在评标过程中，我们常常发现为了使标书比较“上规模”，以体现投标人的水平，投标人往往把技术标做得很厚。而其中的内容往往都是对规范标准的成篇引用，或对其他项目标书的成篇抄袭，因而使标书毫无针对性。该有的内容没有，无须有的内容却充斥标书。这样的标书常常引起评标专家的反感，因而导致技术标严重失分。

（2）全面性

如前面评标办法介绍的，对技术标的评分标准一般都分为许多项目，这些项目都分别被赋予一定的评分分值。这就意味着，这些项目不能发生缺项，一旦发生缺项，该项目就可能被评为零分,这样中标概率将会大大降低。

另外,对一般项目而言,评标的时间往往有限,评标专家没有时间对技术标进行深入的分析。因此,只要技术标目录项目内容齐全,且无明显的低级错误或理论上的错误,技术标一般不会扣很多分。所以,对一般工程来说,技术标内容的全面比内容的深入细致更重要。

(3)先进性

技术标得分要高,一般来说也不容易。没有技术亮点,没有特别吸引招标人的技术方案是不大可能得高分的。因此,标书编制时,投标人应仔细分析招标人的热衷点,在这些点上采用先进的技术、设备、材料或工艺,使标书对招标人和评标专家产生更强的吸引力。

(4)可行性

技术标的内容最终都是要付诸实施的,因此,技术标应有较强的可行性。为了凸显技术标的先进性,盲目提出不切实际的施工方案、设备计划,都会给今后的具体实施带来困难,甚至导致建设单位或监理工程师提出违约指控。

(5)经济性

投标人参加投标承揽业务的最终目的都是为了获取最大的经济利益,而施工方案的经济性,直接关系到投标人的效益,因此必须十分慎重。另外,施工方案也是投标报价的一个重要影响因素,经济合理的施工方案,能降低投标报价,使报价更具竞争力。

3. 投标报价(工程量清单报价)

(1)投标人要读懂招标文件中有关工程量清单的报价要求。

(2)熟悉工程量清单编制说明的内容。

(3)逐项分析清单项目特征,不清楚的须提出疑难问题请求书面解答。

(4)按照自身能力和企业管理水平,全面考虑施工技术措施费用。

(5)掌握当地当前材料价格信息和分析主要的大宗材料价

格未来走向，合理进价。

(6) 参照企业核定的取费证和收费证取费标准，施工图纸、技术规范、编报合理的有竞争力的工程标价。

(7) 报价完成后须进行投标价评审，按照企业同期报价横向比较，根据施工经验对比分析，调整不合理的单项报价和总报价水平。

(三) 投标文件的递交

我国《招标投标法》规定，投标人应当在招标文件要求提交投标文件的截止时间前，将投标文件送达投标地点。招标人收到招标文件后，应当签收保存不得开启。在招标文件要求提交投标文件的截止日期后送达的投标文件，招标人应当拒收。投标人在招标文件要求提交投标文件的截止时间前，可以补充、修改或者撤回已提交的投标文件，并书面通知招标人。补充、修改的内容为投标文件的组成部分。

四、投标报价的编制程序与方法

投标报价是投标人在向招标人递交的投标文件中关键的组成部分。投标人根据招标文件及有关计算工程造价的计价依据，计算出投标报价，并在此基础上研究投标策略，提出更有竞争力的投标报价，这对投标人投标的成败和今后承包盈亏与否起决定性的作用。以下以工程量清单计价模式编制投标报价为例，说明投标报价的编制程序：

首先复核清单工程量，作为评估投标报价和将来索赔的依据。

(1) 报价

报价是投标的关键工作，报价是否合理直接关系到投标的成败。报价前首先按照招标文件的报价要求，熟悉选用的定额和相关定额人工、机械、材料当前的调价相关规定，掌握当前市场价格和材料信息价格。

(2) 读懂项目特征

项目特征中包含该项目的具体工作内容。工程招标文件中若提供有工程量清单，标价计算之前，要对工程量清单中的项目特征进行分析（对投标人来说，报价只须严格按照提供的工程量清单工程量计价即可）。若招标文件中没有提供工程量清单，则必须根据图纸计算全部工程量。如招标文件对工程量的计算方法有规定，应按照规定的方法进行计算。

（3）确定综合单价

对招标文件的工程量清单中的项目特征进行分析后，按照工程量表的格式要求，组合人工、材料、机械费用并填写报价，采取工程量清单计价模式投标报价时，投标人填入工程量清单中的单价是综合单价，应包括人工费、材料费、机械费、管理费、利润以及风险金等全部费用，将工程量与该单价相乘得出合价，将全部合价汇总后即得出投标总报价。分部分项工程费、措施项目费和其他项目费用均采用综合单价计价。

一般是按照分部分项工程量内容和项目名称填写单价与合价。

（4）措施项目的编制

措施项目的相关内容应根据施工方案条件对该工程采用的技术措施，清单项目又不包括的内容，预见到可能发生的费用进行编制，根据企业实际管理水平编制，既要保证满足使用需要，又要保证合理价格。

（5）确定利润

在此利润指的是承包方的预期利润，确定利润取值的目标是考虑既可以获得最大的可能利润，又要保证投标价格具有一定的竞争性，投标报价时承包方应根据市场竞争情况确定该工程的利润率。

（6）确定风险费

风险费对承包商来说是一个未知数，在投标时应该根据该工程规模及工程所在地的实际情况，由有经验的专业人员对可能的风险因素进行逐项分析后确定一个比较合理的费用比率。

（7）评审报价并确定投标价格

将所有的分部分项工程的合价汇总后就可以得到工程的总

价,但是这样计算的工程总价还不能作为投标价格,因为计算出来的价格可能有重复、漏算,也可能某些费用的预估有偏差,因而必须对计算出来的工程总价按照确定施工方案,结合招标文件的合同专用条款和投标承诺,进行报价专项评估分析,作必要的调整并确定投标价格。

五、确定投标报价的技巧

投标技巧是指投标人在投标竞争中采用一定的手段使业主可以接受的同时,中标后又能获得更多的利润。常用的投标技巧主要有:

(1) 灵活报价法

投标报价时,既要考虑自身的优势和劣势,也要分析招标项目的特点。即遇到如下情况报价可高一些:施工条件差的工程;专业要求高的技术密集型工程,而本公司在这方面又有专长,声望也较高;特殊的工程,如地下开挖工程等;工期要求急的工程;投标对手少的工程;支付条件不理想的工程。

(2) 不平衡报价法

不平衡报价法是指一个工程项目总报价基本确定后,通过调整内部各个项目的报价,使其既不提高总报价、不影响中标,又能在结算时得到更理想的经济效益。

采用不平衡报价法一定要建立在对工程量表中工程量仔细核对分析的基础上,特别是对报低单价的项目,如工程量执行时增多将造成承包商的重大损失;但不平衡报价过多和过于明显,可能会引起业主反对,甚至导致废标。

(3) 多方案报价法

在一些招标文件中,如果发现工程范围不很明确,条款不清楚或很不公正,或技术规范要求过于苛刻时,则要在充分估计投标风险的基础上,按多方案报价法处理。

(4) 增加建议法

如果招标文件中规定,可以提一个建议方案,即可以修改原设计方案,提出投标者的建议,投标者就应抓住机会,组织一批有经验的专家,对原招标文件的设计和施工方案仔细研究,提出更为合理的方案以吸引业主,促成自己的方案中标。建议方案可以降低总造价,或缩短工期,或使工程运用更为合理。

(5) 暂定工程量的报价

暂定工程量有三种:

第一种情况:暂定总价款是固定的,对各投标人的总报价没有任何影响,投标时应当将单价适当提高。

第二种情况:招标人列出了暂定工程量的项目和数量,当将来结算付款时可按实际完成的工程量和所报单价支付。这种情况投标人必须慎重考虑,如果单价定高了,同其他工程量计价一样,将会增大总报价,影响投标报价的竞争力;如果单价定低了,一旦这类工程量增大,将会影响收益,因此可考虑采用正常价格。

第三种情况:只有暂定工程的一笔固定总金额,将来这笔金额做什么用,由业主确定。这种情况对投标竞争没有实际意义,按招标文件要求将规定的暂定款列入总报价即可。

(6) 计日工单价的报价

如果是单纯报计日工单价,而且不计入总价中,可以报高些,以便在业主额外用工或使用施工机械时可多盈利。但如果计日工单价要计入总报价时,则需具体分析是否报高价,以免抬高总报价。总之,要分析业主在开工后可能使用的计日工数量,再来确定报价方针。

(7) 可供选择项目的报价

有些工程项目的分项工程,业主可能要求按某一方案报价,而后再提供几种可供选择方案的比较报价。但是这并非由投标人任意选择,而是由投标人提出方案由对方进行选择,一旦方案被选用,投标人即可得到加价部分的利益。

(8) 突然降价法

投标报价是一件保密工作,因而在报价时可以采取迷惑竞争对手的方法,即先按一般情况报价或表现出自己对该工程兴趣不大,临近投标截止时再突然降价。采用这种方法时,一定要在准备投标报价的过程中考虑好降价的幅度，在临近投标截止日期前，根据信息分析与判断做最后决策。

【例 1–3】日本大成公司的鲁布革水电站引水系统工程投标时，知道其主要竞争对手前田公司的报价范围，因而在临近开标前把总报价突然降低 8.04%，取得最低标，为取得最后的中标打下胜利的基础(王俊安：招标投标案例分析)。

由于现代工程的综合性和复杂性，总承包商不可能将全部工程内容完全独家包揽，特别是有些专业性较强的工程内容，需分包给其他专业工程公司施工，还有些招标项目，业主规定某些工程内容必须由他指定的几家分包商承担。因此，总承包商通常应在投标前先取得分包商的报价，并增加总承包商摊入的一定的管理费，而后作为自己投标总价的一个组成部分一并列入报价中。

在竞争过度的市场条件下，无利润算标被很多承包商当作一条出路，但有实力的承包商不应盲目放弃利润，而应充分张扬自身的优势，避免恶性竞争，否则必然导致行业的无序发展。

六、施工项目招投标的有关法律责任

(一) 有关投标人的法律禁止性规定

1. 禁止投标人之间串通投标

(1) 投标人之间相互约定抬高或压低投标报价；

(2) 投标人之间相互约定，在招标项目中分别以高、中、低价位报价；

(3) 投标人之间先进行内部竞价，内定中标人，然后再参加投标；

(4) 投标人之间其他串通投标报价的行为。

2. 禁止投标人与招标人之间串通投标

(1) 招标人在开标前开启投标文件，并将投标情况告知其他投标人，或者协助投标人撤换投标文件，更改报价；

(2) 招标人向投标人泄露标底；

(3) 招标人与投标人商定投标时压低或抬高标价，中标后再给投标人或招标人额外补偿；

（4）招标人预先内定中标人。

3. 其他串通投标行为

（1）投标人不得以行贿的手段谋取中标；

（2）投标人不得以低于成本的报价竞标；

（3）投标人不得以非法手段骗取中标。

4. 其他禁止行为

（1）非法挂靠或借用其他企业的资质证书参加投标；

（2）投标文件中故意在商务上和技术上采用模糊的语言骗取中标；中标后提供低档劣质货物、工程或服务；

（3）投标时递交假业绩证明、资格文件；假冒法定代表人签名，私刻公章，递交虚假委托书等。

（二）有关施工项目招投标的法规责任

（1）在招标投标过程中有违反《招标投标法》行为的单位及个人，县级以上地方人民政府建设行政主管部门应当按照《招标投标法》的规定予以处罚。

（2）招标投标活动中有《招标投标法》规定中标无效情形的，由县级以上地方人民政府建设行政主管部门宣布中标无效，责令重新组织招标，并依法追究有关责任人责任。

（3）应当招标的项目未招标的，应当公开招标的项目未公开招标的，县级以上地方人民政府建设行政主管部门应当责令改正，拒不改正的，不得颁发施工许可证。

（4）招标人不具备自行办理施工招标事宜条件而自行招标的，县级以上地方人民政府建设行政主管部门应当责令改正，处1万元以下的罚款。

（5）评标委员会的组成不符合法律、法规规定的，县级以上地方人民政府建设行政主管部门应当责令招标人重新组织评标委员会。招标人拒不改正的，不得颁发施工许可证。

（6）招标人未向建设行政主管部门提交施工招标投标情况书面报告的，县级以上地方人民政府建设行政主管部门应当责令改正;在未提交施工招标投标情况书面报告前,建设行政主管部门不予颁发施工许可证。

第三节　建设工程施工招投标案例分析

【案例 1】

背景:

某房地产公司计划在北京开发某住宅项目,采用公开招标的形式,有 A、B、C、D、E、F 六家施工单位通过了资格预审,并于规定的时间购买了招标文件。本工程招标文件规定:2003 年 1 月 20 日上午 10:30 为投标文件接收终止时间。在提交投标文件的同时,需投标单位提供投标保证金 20 万元。

在投标截止时间之前,A、B、C、D、E 五家施工单位均提交了投标文件,并按招标文件的规定提供了投标保证金。1 月 20 日,C 施工单位于上午 9 时向招标人书面提出撤回已提交的投标文件,E 施工单位于上午 10 时向招标人递交了一份投标价格下调 5%的书面说明,F 施工单位由于中途堵车于 1 月 20 日上午 11:00 才将投标文件送达。

1 月 21 日下午,由当地招投标监督管理办公室主持进行了公开开标。开标时,由招标人检查投标文件的密封情况,确认无误后,由工作人员当众拆封并宣读各投标单位的名称、投标价格、工期和其他主要内容。

为了在评标时统一意见,根据建设单位的要求,评标委员会由 6 人组成,其中 3 人是由建设单位的总经理、副总经理和工程部经理参加,其他 3 人从建设单位以外的评标专家库中抽取。

评标时发现 A 施工单位投标报价大写金额与小写金额不一致;B 施工单位投标文件中某分项工程的报价有个别漏项;D 施工单位投标文件虽无法定代表人签字和委托人授权书,但投标文件均已有项目经理签字并加盖了公章。

建设单位最终确定A施工单位中标，并在中标通知书发出后第35天，与该施工单位签订了施工合同。

问题：

（1）C施工单位提出的撤回投标文件的要求是否合理？其能否收回投标保证金？说明理由。

（2）E施工单位向招标人递交的书面说明是否有效？说明理由。

（3）在此次招投标过程中，A、B、D、F四家施工单位的投标是否为有效标？为什么？

（4）通常情况下，废标的条件有哪些？

（5）请指出本工程在开标过程中以及签订施工合同过程中的不妥之处，并说明理由。

（6）请指出本工程招标过程中，评标委员会成员组成的不妥之处，并说明理由。

分析与答案：

（1）C施工单位提出的撤回投标文件的要求是合理的，并有权收回其已缴纳的投标保证金。根据《招标投标法》的规定，投标人在招标文件要求提交投标文件的截止时间前，可以补充、修改或者撤回已提交的投标文件，并书面通知招标人。

（2）E施工单位向招标人递交的书面说明有效。根据《招标投标法》的规定，投标人在招标文件要求提交投标文件的截止时间前，可以补充、修改或者撤回已提交的投标文件，补充、修改的内容作为投标文件的组成部分。

（3）在此次招投标过程中，D、F两家施工单位的标书为无效标。A、B两家施工单位的投标为有效标，他们的情况不属于重大偏差。D单位的标书无法定代表人签字，也无法定代表人的授权委托书，不符合招投标法的要求，为废标；F单位未能在投标截止时间前送达投标文件，按规定应作为废标处理。

（4）废标的条件如下：

1）逾期送达的或者未送达指定地点的；

2）未按招标文件要求密封的；

3）无单位盖章并无法定代表人签字或盖章的；

4）未按规定格式填写，内容不全或关键字迹模糊、无法辨认的；

5）投标人递交两份或多份内容不同的投标文件，或在一份投标文件中对同一招标项目报有两个或多个报价，且未声明哪一个有效的（按招标文件规定提交备选投标方案的除外）；

6）投标人名称或组织机构与资格预审时不一致的；

7）未按招标文件要求提交投标保证金的；

8）联合体投标未附联合体各方共同投标协议的。

（5）本工程在开标过程中的不妥之处有以下三方面：

1）根据《招标投标法》规定，开标应当在招标文件确定的提交投标文件的截止时间公开进行，本案招标文件规定的投标截止时间是1月20日上午10:30，但迟至1月21日下午才开标，是不妥之处一；

2）根据《招标投标法》规定，开标应由招标人主持，本案由属于行政监督部门的当地招投标监督管理办公室主持，是不妥之处二；

3）根据《招标投标法》规定，开标时由投标人或者其推选的代表检查投标文件的密封情况，也可以由招标人委托的公证机构检查并公证，本案由招标人检查投标文件的密封情况，是不妥之处三。

在中标通知书发出后第35天签订施工合同不妥，依照《招标投标法》应于30天内签订合同。

（6）评标委员会成员组成不符合规定。根据《招标投标法》规定，评标委员会由招标人的代表和有关技术、经济等方面的专家组成，成员人数为5人以上单数，其中招标人以外的经济技术等方面的专家不得少于成员总数的2/3。

【案例2】

背景：

某酒店式公寓，总建筑面积为80 000 m^2，其中地上部分约为

70 000 m^2,地下部分约为 10 000 m^2,主楼地上 28 层,地下 3 层,地上 1 ~ 5 层为酒店和会所,6 层以上为高档酒店式公寓。结构形式为部分框支剪力墙结构,基础形式为桩筏基础。预算投资人民币 2.7 亿元,其中建安工程造价 1.6 亿元。建设工期为 460 日历天(主体验收),质量要求标准为合格。工程采用公开招标的方式确定承包商,招标内容为该公寓的建安工程总承包施工,要求投标人具有房屋建筑施工一级及以上总承包资质,施工项目经理具备建设主管部门核发的工民建一级项目经理资质。

按照《招标投标法》和《建筑法》的规定,建设单位编制了招标文件,并向当地的建设行政管理部门提出了招标申请书,得到了批准。建设单位依照有关招标投标程序进行公开招标。

参加此次投标的五家单位中 A、B、D 单位为一级总承包资质,C 单位为二级资质,E 单位为特级资质,而 C 单位的法定代表人是建设单位某主要领导的亲戚,建设单位招标工作领导小组在资格预审时出现了分歧,正在犹豫不决时,C 单位提前准备组成联合体投标。经 C 单位法定代表人的私下活动,建设单位同意让 C 与 A 联合承包工程,并明确向 A 暗示,如果不接受这个投标方案,则该工程的中标将授予 B 单位。A 为了获得该项工程,同意了与 C 联合承包该工程,并同意将机电设备安装工程交给 C 单位施工。于是 A 和 C 联合投标获得成功。A 与建设单位签订了工程施工总承包合同,A 与 C 也签订了联合承包工程的协议。

A 单位为了节约管理费用,决定派出项目经理一人,刚毕业的学生一人,由这两名同志组成项目经理部进驻现场进行工程总承包管理,而该项目经理只有二级资质证书,也未从事过类似项目的施工管理。土方工程施工时,项目经理找到一个以前的包工头朋友,委托其进行土方开挖。由于土方分包测量人员失误,总承包单位也未复查标高,致使基坑底约 500 m^2 范围平均超挖深 50 cm,后被监理发现停工。

问题：

（1）在上述招标过程中，作为该项目的建设单位其行为是否合法？为什么？

（2）从上述背景资料来看，A 和 C 组成的投标联合体是否有效？为什么？

（3）该项目经理上岗是否恰当？说明理由。

（4）A 单位总承包项目组织管理是否合理？通常施工总承包项目部可设置哪些管理岗位？

（5）总承包单位对土方工程的管理存在哪些问题？

分析与答案：

（1）作为该项目的建设单位的行为不合法。理由：作为该项目的建设单位，为了照顾某些个人关系，指使 A 和 C 强行联合，并最终排斥了 B、D、E 三家单位可能中标的机会，构成了不正当竞争，违反了《招标投标法》中关于不得强制投标人组成联合体共同投标，不得限制投标人之间的竞争的强制性规定。

（2）A 和 C 组成的投标联合体无效。理由：根据《招标投标法》规定，两个以上法人或者其他组织可以组成一个联合体，以一个投标人的身份共同投标，联合体各方均应当具备承担招标项目的相应能力：国家有关规定或者招标文件对投标人资格条件有规定的，联合体各方均应当具备规定的相应资格条件。由同一专业的单位组成的联合体，按照资质等级较低的单位确定资质等级。本案例中，A 和 C 组成的投标联合体不符合对投标单位主体资格条件的要求，所以是无效的。

（3）不恰当。该项目经理只有二级资质证书，不符合建设单位要求的工民建一级项目经理资质条件，而且该项目经理没有类似项目的管理经验。

（4）不合理。总承包项目部的管理职能通常是根据总承包合同范围、工程总承包单位的有关规定按不同管理岗位设置人员以满足管理职能需要，本项目只派 2 人未能满足管理职能需要。通常施工总承包项目部可设置项目经理、施工、技术、安全、质量、商务、财务、采购等多个管理岗位。

(5) 主要有以下问题:总承包单位管理层决策失误,选派的项目经理和组建的项目经理部人员太少;项目经理未正常履行职责,分包选用和管理不当,现场管理失控。

第二章 工程量清单计价

第一节 工程量清单计价概述

一、工程量清单计价的概念

（一）工程量清单计价

工程量清单计价，是建设工程招标投标过程中，招标人按照国家统一的工程量计算规则提供工程量清单，由投标人依据工程量清单自主报价，并按照经评审合理低价中标的计价模式。

工程量清单计价有以下几个方面的概念：

（1）工程量清单计价虽属招标投标范畴，但相应的建设工程施工合同签订、工程竣工结算办理均应执行该计价相关规定。

（2）工程量清单由招标人提供，招标标底及投标报价均应根据此编制。投标人不得改变工程量清单中的数量。工程量清单编制应遵守计价规范中规定的规则。

（3）根据“国家宏观调控，市场竞争形成”的价格确定原则，国家不再统一定价，工程造价由投标人自主确定。

（4）“低价中标”是核心。为了有效控制投资，制止哄抬标价，有的地区规定招标人应公布预算控制价（称“拦标价”），凡是投标报价高于“预算控制价”的，其投标应予拒绝。

（5）低价中标的低价，是指经过评标委员会评定的合理低价，并非恶意低价。对于恶意低价中标造成不能正常履行的，以履约保证金来制约，报价越低履约保证金越高。有的地区制定了一整套工程量清单计价管理办法，有效遏制恶意低价。

（二）计价原则

工程量清单计价应遵循公平、合法、诚实信用的原则。

1. 公平

市场经济活动的基本原则就是客观、公正、公平。要求计价活动有高度的透明度,工程量清单的编制要实事求是,不弄虚作假,招标要机会均等,一律公平地对待所有投标人。投标人要从本企业的实际情况出发,不能低于成本报价,不能串通报价。双方应本着互惠互利、双赢的原则进行招标投标活动,既要使投资方在保证质量、工期等的前提下节约投资,又要使承包方有正常的利润可得。

2. 合法

工程量清单计价活动是政策性、经济性、技术性很强的工作,涉及的国家法律、法规和标准规范比较广泛。所以工程量清单计价活动必须符合包括《建筑法》、《招标投标法》、《合同法》、《价格法》及中华人民共和国建设部 2001 年第 107 号令《建筑工程施工发包与承包计价管理办法》(以下简称 107 号令),以及涉及工程造价的工程质量、安全及环境保护等方面的工程建设标准。

3. 诚实信用

不但在计价过程中应遵守执业道德,做到计价公平合理,诚信于人,在合同签订、履行以及办理工程竣工结算中也应遵循诚信原则,恪守承诺。

工程量清单计价必须做到科学合理、实事求是。107 号令第十九条明确规定:"造价工程师在招标标底或者投标报价编制、工程结算审核和工程造价鉴定中,有意抬高、压低价格,情节严重的,由造价工程师注册管理机构注销其执业资格。"

一方面, 严格禁止招标方恶意压价以及投标方恶意低价中标,避免豆腐渣工程;另一方面,要严格禁止抬高价格,增加投资。

二、工程量清单的作用

工程量清单作为招标文件的组成部分, 一个最基本的功能是作为信息的载体, 为潜在的投标者提供必要的信息。除此之外,还具有以下作用:

（1）为投标者提供一个公开、公平、公正的竞争环境。工程量清单由招标人统一提供，统一的工程量避免了由于计算不准确和项目不一致等人为因素造成的不公正影响，使投标者站在同一起跑线上，创造了一个公平的竞争环境。

（2）为计价和询标、评标的基础。招标工程标底的编制和企业的投标报价，都必须在清单的基础上进行。同样也为今后的询标、评标奠定了基础。

（3）为施工过程中支付工程进度款提供依据。

（4）为办理竣工结算及工程索赔提供了重要依据。

三、工程量清单编制

工程量清单是表现拟建工程的分部分项工程项目、措施项目、其他项目名称和相应数量的明细清单。

1. 工程量清单的组成部分

工程量清单是招标文件的组成部分，主要由分部分项工程量清单、措施项目清单、其他项目清单组成。

（1）分部分项工程量清单为不可调整的闭口清单，投标人对投标文件提供的分部分项工程量清单必须逐一计价，对清单所列内容不允许作任何更改变动。投标人如果认为清单内容有不妥或遗漏，只能通过质疑的方式由清单编制人作统一的修改更正，并将修正后的工程量清单发往所有投标人。

（2）措施项目清单为可调整清单，投标人对招标文件中所列项目，可根据企业自身特点作适当的变更增减。投标人要对拟建工程可能发生的措施项目和措施费用作通盘考虑。清单一经报出，即被认为是包括了所有应该发生的措施项目的全部费用。如果报出的清单中没有列项，且施工中又必须发生的项目，业主有权认为，其已经综合在分部分项工程量清单的综合单价中。将来措施项目发生时，投标人不得以任何借口提出索赔与调整。

（3）其他项目清单由招标人和投标人两部分组成。招标人填写的内容随招标文件发至投标人或标底编制人，其项目、数量、金额等投标人或标底编制人不得随意改动。由投标人填写部分的零星工作项目表中，招标人填写的项目与数量，投标人不得随意更改，且必须进行报价。如果不报价，招标人有权认为投标人就未报价内容无偿为自己服务。当投标人认为招标人列项不全时，投标人可自行增加列项并确定本项目的工程数量及计价。

2. 分部分项工程量清单的编制

（1）分部分项工程量清单编制规则

《建设工程工程量清单计价规范》（GB 50500—2008）（以下简称规范）有以下强制性规定：

1）规范 3.2.2 条规定，“分部分项工程量清单应根据附录 A、附录 B、附录 C、附录 D、附录 E 的规定统一项目编码、项目名称、计量单位和工程量计算规则进行编制。”

2）规范 3.2.3 条规定，“分部分项工程量清单的项目编码，一至九位应按附录 A、附录 B、附录 C、附录 D、附录 E 的规定设置，十至十二位应根据拟建工程的工程量清单项目名称由其编制人设置，并应自 001 起顺序编制。”

3）规范 3.2.4 条规定，“项目名称应按附录 A、附录 B、附录 C、附录 D、附录 E 的项目名称与项目特征并结合拟建工程的实际确定。”

4）规范 3.2.5 条规定，“分部分项工程量清单的计量单位应按附录 A、附录 B、附录 C、附录 D、附录 E 规定的计量单位确定。”

5）规范 3.2.6 条规定，“工程数量应按附录 A、附录 B、附录 C、附录 D、附录 E 中规定的工程量计算规则计算。”

（2）分部分项工程量清单编制依据

1）《建设工程工程量清单计价规范》（GB 50500—2008）；

2）招标文件；

3）设计文件；

4）有关的工程施工规范与工程验收规范；

5）拟采用的施工组织设计和施工技术方案。

（3）分部分项工程量清单编制程序（图 2–1）

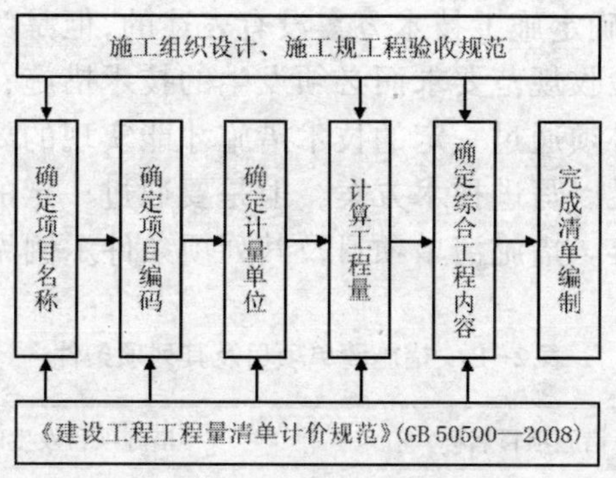

图 2-1　分部分项工程量清单编制程序

3. 措施项目清单的编制

(1) 措施项目清单的编制规则

《建设工程工程量清单计价规范》(GB 50500—2008)有以下规定：

1) 规范 3.3.1：措施项目清单应根据拟建工程的具体情况，参照措施项目一览表列项。

2) 规范 3.3.2：编制措施项目清单，出现措施项目一览表未列项目，编制人可作补充。

(2) 措施项目清单的编制依据

1) 拟建工程的施工组织设计；

2) 拟建工程的施工技术方案；

3) 与拟建工程相关的工程施工规范与工程验收规范；

4) 招标文件；

5) 设计文件。

(3) 措施项目清单的设置

措施项目清单的设置，首先，要参考拟建工程的施工组织设计，以确定环境保护、文明安全施工、材料的二次搬运等项目；其次，参阅施工技术方案，以确定夜间施工、大型机具进出场及安拆、混凝土模板与支架、脚手架、施工排水降水、垂直运输机械、组装平台、大型机具使用等项目。参阅相关的施工规范与工程验收规范，可以确定施工技术方案没有表述的，但是为了实现施工规范与工程验收规范要求而必须发生的技术措施；招标文件中提出的某些必须通过一定的技术措施才能实现的要求；设计文件中一些不足以写进技术方案，但是要通过一定的技术措施才能实现的内容。措施清单项目及其列项条件示例见表 2–1。

表 2–1　措施清单项目及其列项条件

序号	措施项目名称	措施项目发生的条件
1	环境保护	
2	文明施工	
3	安全施工	
4	临时设施	
5	材料二次搬运	
6	脚手架	
7	已完工程及设备保护	
8	夜间施工	拟建工程有必须连续施工的要求，或工期紧张有夜间施工的倾向
9	混凝土、钢筋混凝土模板及支架	拟建工程中有混凝土及钢筋混凝土工程
10	施工排水降水	依据水文地质资料，拟建工程的地下施工深度低于地下水位
11	大型机械设备进出场及安拆	施工方案中有大型机具的使用方案，拟建工程必须有大型机具
12	垂直运输机械	施工方案中有垂直运输机械的内容、施工高度超过 5 m 的工程
13	室内空气污染测试	使用挥发性有害物质的材料
14	组装平台	拟建工程中有钢结构、非标设备制作安装、工艺管道预制安装
15	设备、管道施工安全防冻和焊接保护措施	设备、管道冬季施工，易燃易爆、有毒有害环境施工，对焊接质量要求较高的工程

续表

序号	措施项目名称	措施项目发生的条件
16	压力容器和高压管道的检验	工程中有三类压力容器制作安装，及超过 10 MPa 的高压管道敷设
17	焦炉施工大棚	焦炉施工方案要求
18	焦炉烘炉、热态工程	
19	管道安装充气保护	设计及施工规范要求、洁净度要求较高的管线
20	隧道内施工的通风、供水、供气、供电、照明及通讯	隧道施工方案要求
21	现场施工围栏	招标文件及施工组织设计要求，拟建工程有需要隔离施工的内容
22	长输管线临时水工保护设施	长输管线涉水敷设
23	长输管线施工便道	一般长输管道工程均需要
24	长输管线穿越施工措施	长输管道穿越铁路、公路、河流
25	长输管线穿越地上建筑物的保护措施	长输管道穿越有地上建筑物的地段
26	长输管线施工队伍调遣	长输管道工程均需要
27	格架式抱杆(大型吊装装机具)	施工方案要求,大于 40 t 设备的安装
28	市政工程(略)	

4. 其他项目清单的编制

其他项目清单的编制规则如下：

(1)《建设工程工程量清单计价规范》(GB 50500—2008) 3.4.1 条规定,“其他项目清单应根据工程的具体情况,参照下列内容列项。预留金、材料购置费、总承包服务费、零星工作项目费。”

(2) 规范 3.4.2 条规定,“零星工作项目应根据拟建工程的具体情况,详细列出人工、材料、机械的名称、计量单位和相应数量,并随工程量清单发至投标人。”

(3) 规范 3.4.3 条规定,“编制其他项目清单,出现 3.4.1 条未列项目,编制人可作补充。”

5. 工程量清单格式的组成内容

(1) 封面

封面由招标人填写。签字、盖章。

(2) 填表须知

填表须知主要包括下列内容:

① 工程量清单及其计价格式中所要求签字、盖章的地方,必须由规定的单位和人员签字、盖章;

② 工程量清单及其计价格式中的任何内容不得随意删除或涂改;

③ 工程量清单计价格式中列明的所有需要填报的单价和合价,投标人均应填报,未填报的单价和合价,视为此项费用已包含在工程量清单的其他单价和合价中;

④ 明确金额的表示币种。

(3) 总说明

总说明应按下列内容填写:

① 工程概况,如建设规模、工程特征、计划工期、施工现场实际情况、交通运输情况、自然地理条件、环境保护要求等;

② 工程招标和分包范围;

③ 工程量清单编制依据;

④ 工程质量、材料、施工等的特殊要求;

⑤ 招标人自行采购材料的名称、规格型号、数量等;

⑥ 其他项目清单中招标人部分(包括预留金、材料购置费等)的金额数量;

⑦ 其他需说明的问题。

(4) 分部分项工程量清单

分部分项工程量清单应包括项目编码、项目名称、计量单位和工程数量四个部分。

（5）措施项目清单

措施项目清单应根据拟建工程的具体情况列项。措施项目指为完成工程项目施工，发生于该工程施工前和施工过程中技术、生活、安全等方面的非工程实体项目。

（6）其他项目清单

其他项目清单应根据拟建工程的具体情况，参照下列内容列项；

① 招标人部分，包括预留金、材料购置费等，其中预留金是指招标人为可能发生的工程量变更而预留的金额；

② 投标人部分，包括总承包服务费、零星工作项目费等，其中总承包服务费是指为配合协调招标人进行的工程分包和材料采购所需的费用，零星工作项目费是指完成招标人提出的不能以实物计量的零星工作项目所需的费用。

（7）零星工作项目表

零星工作项目表应根据拟建工程的具体情况，详细列出人工、材料、机械的名称、计量单位和相应数量，并随工程量清单发至投标人。零星工作项目中的工、料、机计量，要根据工程的复杂程度、工程设计质量的优劣，以及工程项目设计的成熟程度等因素来确定其数量。一般工程以人工计量为基础，按人工消耗总量的 1%取值即可。材料消耗主要是辅助材料消耗，按不同专业人工消耗材料类别列项，按人工日消耗量计入。机械列项和计量，除考虑人工因素外，还要参考各单位工程机械消耗的种类，可按机械消耗总量的 1%取值。

第二节　工程量清单计价格式

工程量清单计价应包括按招标文件规定，完成工程量清单所列项目的全部费用，包括分部分项工程费、措施项目费、其他项目费和规费、税金。分部分项工程费是指为完成分部分项工程量所需的实体项目费用。措施项目费是指分部分项工程费以外，为完成该工程项目施工，发生于该工程施工前和施工过程中技术、生活、安全等方面的非工程实体项目所需的费用。其他项目费是指分部分项工程费和措施项目费以外，该工程项目施工中可能发生的其他费用。

于 2003 年 7 月 1 日实施的《建设工程工程量清单计价规范》(GB 50500—2008)，规定工程量清单应采用综合单价计价。综合单价法是指完成工程量清单中一个规定计量单位项目所需的人工费、材料费、机械使用费、管理费和利润，并考虑风险因素。工程量乘以综合单价就直接得到分部分项工程费用，再将各个分部分项工程的费用，与措施项目费、其他项目费和规费、税金加以汇总，就得到整个工程的总造价。

工程量清单计价格式由下列内容组成：

(1) 封面，应按规定内容填写、签字、盖章。

(2) 投标总价，应按工程项目总价表合计金额填写。

(3) 工程项目总价表，见表 2–2。

(4) 单项工程费汇总表，见表 2–3。

(5) 单位工程费汇总表，见表 2–4。

(6) 分部分项工程量清单计价表，见表 2–5。

(7) 措施项目清单计价，见表 2–6。

(8) 其他项目清单计价表，见表 2–7。

(9) 零星工作项目计价表，见表 2–8。

表 2–2　工程项目总价表

工程名称：　　　　　　　　　　　　　　　第　页　共　页

序号	单项工程名称	金额(元)
合计		

注:1. 单项工程名称按照单项工程费汇总表(表 2–3)的工程名称填写。

2. 金额按照单位工程费汇总表(表 2–3)的合计金额填写。

表 2-3　单项工程费汇总表

工程名称:　　　　　　　　　　　　　　　　　　　　　　第　页　共　页

序号	单项工程名称	金额(元)
合计		

注:1. 单位工程名称按照单位工程费汇总表(表 2-4)的工程名称填写。

2. 金额按照单位工程费汇总表(表 2-4)的合计金额填写。

表 2-4　单项工程费汇总表

工程名称:　　　　　　　　　　　　　　　　　　　　　　第　页　共　页

序号	单项工程名称	金额(元)
1	分部分项工程费合计	
2	措施项目费合计	
3	其他项目费合计	
4	规费	
5	税金	

注:单位工程费汇总表中的金额应分别按照分部分项工程量清单价表(表 2-5)、措施项目清单计价表(表 2-6)和其他项目清单计价表(表 2-7)的合计金额和按有关规定计算的规费、税金填写。

表 2-5　分部分项工程量清单计价表

工程名称:　　　　　　　　　　　　　　　　　　　　　　第　页　共　页

序号	项目编码	项目名称	计量单位	工程数量	金额(元)	
					综合单价	合价
			本页小计			
			合计			

注:1. 综合单价应包括一个计量单位工程所需的人工费、材料费、机械使用费、管理费和利润,并应考虑风险因素。

2. 分部分项工程量清单计价表中的序号、项目编码、项目名称、计量单位、工程数量必须按分部分项工程量清单中的相应内容填写。

表 2-6　措施项目清单计价表

工程名称：　　　　　　　　　　　　　　　　　　第　页　共　页

序号	单项工程名称	金额(元)
合计		

注:1. 措施项目清单计价表中的序号、项目名称必须按措施项目清单中的相应内容填写。

2. 投标人可根据施工组织设计采取的措施增加项目。

表 2-7　其他项目清单计价表

工程名称：　　　　　　　　　　　　　　　　　　第　页　共　页

序号	项目名称	金额(元)
1	招标人部分	
	小计	
2	投标人部分	
	小计	
合计		

注:1. 其他项目清单计价表中的序号、项目名称必须按其他项目清单中的相应内容填写。

2. 招标人部分的金额可按估算金额确定。

3. 投标人部分的总承包服务费应根据招标人提出要求所发生的费用确定，零星工作项目应根据“零星工作项目计价表”确定。

表 2-8　零星工作项目计价表

工程名称：　　　　　　　　　　　　　　　　　　第　页　共　页

序号	名称	计量单位	数量	金额(元)	
1	人工				
	小计				
2	材料				
	小计				

续表

序号	名称	计量单位	数量	金额(元)	
3	机械				
	小计				
	合计				

注:1. 表中的人工、材料、机械名称、计量单位和相应数量应按零星工作项目表中的内容填写。

2. 工程竣工后零星工作费应按实际完成的工程量所需费用结算。

(10) 分部分项工程量清单综合单价分析表,应由招标人根据需要提出要求后填写,见表 2-9。

(11) 措施措施项目费分析表,应由招标人根据需要提出要求后填写,见表 2-10。

(12) 主要材料价格表,见表 2-11。

表 2-9　分部分项工程量清单综合单价分析表

工程名称:　　　　　　　　　　　　　　　　　　第　页　共　页

序号	项目编码	项目名称	工程内容	综合单价组成					综合单价
				人工费	材料费	机械使用费	管理费	利润	

表 2-10　措施项目费分析表

工程名称:　　　　　　　　　　　　　　　　　　第　页　共　页

序号	措施项目名称	单位	数量	金额(元)					小计
				人工费	材料费	机械费	管理使用费	利润	
	合计								

表 2-11　主要材料价格表

工程名称：　　　　　　　　　　　　　　　　　　　　　第　页　共　页

序号	材料编码	材料名称	规格、型号等特殊要求	单位	单价(元)

注：1. 招标人提供的主要材料价格表应包括详细的材料编码、材料名称、规格型号和计量单位等。

2. 所填写的单价必须与工程量清单计价中采用的相应材料的单价一致。

第三章　建设工程施工合同管理

第一节　建设工程施工合同示范文本

一、建设工程施工合同的概念

建设工程施工合同是发包方和承包方为完成商定的建筑安装工程，明确相互权利、义务关系的合同。依照建设工程施工合同，承包方应完成一定的建筑、安装工程任务，发包方应提供必要的施工条件并支付工程价款。施工合同与其他建设工程合同一样是一种双务合同，在订立时也应遵守自愿、公平、诚实、信用等原则。

建设工程施工合同是工程建设的主要合同，是工程质量控制、进度控制、投资控制的主要依据。在市场经济条件下，建设市场主体之间相互的权利义务关系主要是通过合同确立的，因此，加强对施工合同的管理具有十分重要的意义。

建设工程施工合同的当事人是发包方和承包方，双方是平等的民事主体。对合同范围内的工程实施建设时，发包方必须具备组织协调能力；承包方必须具备有关部门核定的资质等级并持有营业执照等证明文件。发包方既可以是建设单位，也可以是取得建设项目总承包资格的项目总承包单位。

《建设工程施工合同(示范文本)》以及建设部的有关文件规定，合同双方应依据招标文件、投标文件签订施工合同。

二、建设工程施工合同的类型

1. 按照承发包方式分类

(1) 勘察、设计或施工总承包合同

勘察、设计或施工总承包，是指发包方将全部勘察、设计或施工任务发包给一个勘察、设计单位或一个施工单位作为总承包方，经发包方同意，总承包方可以将勘察、设计或施工任务的一部分分包给其他符合资质的分包人。由此签订的协议即为勘察、设计或施工总承包合同。

（2）单位工程施工承包合同

单位工程施工承包，是指在一些大型、复杂的建设工程中，发包方可以将专业性很强的单位工程发包给不同的承包方，与承包方分别签订土木工程施工合同、电气与机械工程承包合同，这些承包方之间为平行关系。单位工程施工承包合同常见于大型工业建筑安装工程。由此签订的协议即为单位工程施工承包合同。

（3）工程项目总承包合同

工程项目总承包，是指建设单位将包括工程设计、施工、材料和设备采购等一系列工作打包后全部发包给一家承包单位，由其进行实质性设计、施工和采购工作，最后向建设单位交付具有使用功能的工程项目。工程项目总承包实施过程可依法将部分工程分包。由此签订的协议即为工程项目总承包合同。

（4）BOT 合同，又称特许权协议书

BOT（Build-Operate-Transfer）承包模式，即建造 - 运营 - 移交。是指由政府或政府授权的机构授予承包方在一定的期限内，以自筹资金建设项目并自费经营和维护，向东道国出售项目产品或服务，收取价款或酬金，期满后将项目全部无偿移交东道国政府的工程承包模式。由此签订的协议即为 BOT 合同。

2. 按照承包工程计价方式分类

（1）总价合同

总价合同一般要求投标人按照招标文件要求报一个总价，在这个价格下完成合同规定的全部项目。

（2）单价合同

单价合同是指根据发包方提供的资料，双方在合同中确定每一单项工程单价，结算则按实际完成工程量乘以每项工程单价计算。

(3) 成本加酬金合同

成本加酬金合同是指发包方按实际支出支付建造成本，另外向承包方支付一定数额或百分比的管理费和商定的利润。

三、建设工程施工合同的主要内容

(一)《建设工程施工合同(示范文本)》组成

1.《建设工程施工合同(示范文本)》简介

根据有关建设工程法律、法规，结合我国的实际情况，并借鉴了国际上广泛使用的土木工程施工合同，建设部、国家工商行政管理局于 1999 年 12 月 24 日发布了《建设工程施工合同(示范文本)》(以下简称《施工合同文本》)，作为各类公用建筑、民用住宅、工业厂房、交通设施及线路管道的施工和设备安装合同的样本。

《施工合同文本》由《协议书》、《通用条款》、《专用条款》三部分组成，并附有三个附件:《承包方承揽工程项目一览表》、《发包方供应材料设备一览表》、《工程质量保修书》。

《协议书》是《施工合同文本》中总纲性的文件。虽然其文字量并不大，但它规定了合同当事人双方最主要的权利义务，规定了组成合同的文件及合同当事人对履行合同义务的承诺，合同当事人在《协议书》上签字盖章，因此具有很高的法律效力。

《通用条款》是根据《合同法》、《建筑法》、《建设工程施工合同管理办法》等法律法规对承发包双方的权利义务做出的规定，除双方协商一致对其中的某些条款作了修改、补充或取消外，双方都必须履行。它是将建设工程施工合同中共性的一些内容抽象出来编写的一份完整的合同文件。《通用条款》具有很强的通用性，基本适用于各类建设工程。《通用条款》共有 11 部分 47 条。

由于工程的内容各不相同，工期、造价也随之变动，承包、发包方各自的能力、施工现场的环境和条件也各不相同，《通用条款》不能完全适用于各个具体工程，因此以《专用条款》对其作必要的修改和补充，使《通用条款》和《专用条款》成为双方统一意愿的体现。

《施工合同文本》的附件则是对施工合同当事人的权利义务的进一步明确，并且使得施工合同当事人的有关工作一目了然，便于执行和管理。

2. 施工合同文件的组成及解释顺序

组成建设工程施工合同的文件包括：

（1）施工合同协议书；

（2）中标通知书；

（3）投标书及其附件；

（4）施工合同专用条款；

（5）施工合同通用条款；

（6）标准、规范及有关技术文件；

（7）图纸；

（8）工程量清单；

（9）工程报价单或预算书。

双方有关工程的洽商、变更等书面协议或文件视为协议书的组成部分。

上述合同文件应能够互相解释、互相说明。当合同文件中出现不一致时，上面的顺序就是合同的优先解释顺序。当合同文件出现含糊不清或者当事人有不同理解时，按照合同争议的解决方式处理。

（二）建设工程施工合同的主要内容

1. 双方的权利和义务

（1）发包方工作

发包方根据专用条款约定的内容和时间，应分阶段或一次完成以下工作：

1）办理土地征用、拆迁补偿、平整施工场地等工作，使施工场地具备施工条件，并在开工后继续解决以上事项的遗留问题。

2）将施工所需水、电、通讯线路从施工场地外部接至专用条款约定地点，并保证施工期间的需要。

3）开通施工场地与城乡公共道路的通道，以及专用条款约定的施工场地内的主要交通干道，满足施工运输的需要，并保证施工期间的畅通。

4）向承包方提供施工场地的工程地质和地下管线资料，保证数据真实，位置准确，对资料的真实性和准确性负责。

5）办理施工许可证和临时用地、停水、停电、中断道路交通、爆破作业以及可能损坏道路、管线、电力、通讯等公共设施的申请批准手续及其他施工所需的证件。

6）确定水准点与坐标控制点，以书面形式交给承包方，并进行现场交验。

7）组织承包方和设计单位进行图纸会审和设计交底。

8）协调处理施工现场周围地下管线和邻近建筑物、构筑物（包括文物保护建筑）、古树名木的保护工作，并承担有关费用。

9）发包方应做的其他工作，双方在专用条款内约定。

发包方可以将上述部分工作委托承包方办理，具体内容由双方在专用条款内约定，其费用由发包方承担。

发包方不按合同约定完成以上义务，导致工期延误或给承包方造成损失的，赔偿承包方的有关损失，延误的工期相应顺延。

（2）承包方工作

承包方应按专用条款约定的内容和时间完成以下工作：

1）根据发包方的委托，在其设计资质允许的范围内，完成施工图设计或与工程配套的设计，经工程师确认后使用，发生的费用由发包方承担。

2）向工程师提供年、季、月工程进度计划及相应进度统计报表。

3）按工程需要提供和维修非夜间施工使用的照明、围栏设施，并负责安全保卫。

4）按专用条款约定的数量和要求，向发包方提供在施工现场办公和生活的房屋及设施，发生的费用由发包方承担。

5）遵守有关部门对施工场地交通、施工噪声以及环境保护和安全生产等的管理规定，按管理规定办理有关手续，并以书面形式通知发包方。发包方承担由此发生的费用，因承包方责任造成的罚款除外。

6）已竣工工程未交付发包方之前，承包方按专用条款约定负责已完工程的成品保护工作，保护期间发生损坏，承包方自费予以修复。要求承包方采取特殊措施保护的工程部位和相应的追加合同价款，在专用条款内约定。

7）按专用条款的约定做好施工现场地下管线和邻近建筑物、构筑物（包括文物保护建筑）、古树名木的保护工作。

8）保证施工场地清洁并符合环境卫生管理的有关规定。交工前清理现场达到专用条款约定的要求，承担因自身原因违反有关规定造成的损失和罚款。

9）承包方应做的其他工作，双方在专用条款内约定。

承包方应按合同条款约定的义务，全面适当地履行合同，否则，造成发包方损失时，应对发包方的损失给予赔偿。

（3）工程师的产生及职责

工程师包括监理单位委派的总监理工程师和发包方指定的履行合同的负责人两种情况。如果发包方更换代表，至少应于更换前 7 天以书面形式通知承包方，后任继续履行合同文件约定的前任的权利和义务，不得更改前任做出的书面承诺。

工程师在施工合同的履行过程中，应当承担以下职责：

1）工程师委派具体管理人员：在施工过程中，工程师可委派工程师代表等具体管理人员，行使自己的部分权利和职责。工程师代表在工程师授权范围内向承包方发出的任何书面形式的函件，与工程师发出的函件效力相同。当工程师代表发出指令失误时，工程师可以纠正。除工程师和工程师代表外，发包方驻工地的其他人员无权向承包方发出任何指令。

2）工程师发布指令、通知：工程师的指令、通知由其本人签字后，以书面形式交给项目经理，项目经理在回执上签署姓名和收到时间后生效。

3）工程师应当及时完成自己的职责：工程师应按合同约定，及时向承包方提供所需指令、批示、图纸并履行其他约定的义务，否则承包方在约定时间后24小时内将具体要求、需要的理由和延误的后果通知工程师，工程师收到通知后48小时内不予答复，应承担延误造成的追加合同价款，并赔偿承包方有关损失，顺延延误的工期。

4）工程师做出处理决定：在合同履行中，发生影响承发包双方权利或义务的事件时，负责监理的工程师应依据合同在其职权范围内客观、公正地进行处理。为保证施工正常进行，承发包双方应尊重工程师的决定。双方对工程师的处理有异议时，按照合同约定争议处理办法解决。

5）关于口头指令：在施工过程中工程师认为确有必要时，可发出口头指令，并在48小时内给予书面确认，承包方对工程师的指令应予执行。工程师不能及时给予书面确认，承包方应于工程师发出口头指令后7天内提出书面确认要求。工程师在承包方提出确认要求后48小时内不予答复，应视为承包方要求已被确认。

6）有争议的指令：承包方认为工程师指令不合理，应在收到指令后24小时内提出书面申告，工程师在收到承包方申告后24小时内做出修改指令或继续执行原指令的决定，并以书面形式通知承包方。在紧急情况下，工程师要求承包方立即执行的指令或承包方虽有异议，但工程师决定仍继续执行的指令，承包方应予执行。因工程师指令错误发生的费用和给承包方造成的损失由发包方承担，延误的工期相应顺延。

（4）项目经理的产生和职责

项目经理是由承包单位法定代表人授权的，派驻施工场地的承包方的总负责人，代表承包方负责工程施工的组织和实施。

项目经理在施工合同的履行过程中有权代表承包方向发包方提出要求和通知，组织施工，并按工程师认可的施工组织设计

（或施工方案）和依据合同发出的指令、要求组织施工。

在情况紧急且无法与工程师联系时，应当采取保证人员生命和工程财产安全的紧急措施，并在采取措施后 48 小时内向工程师送交报告。责任在发包方和第三方的，由发包方承担由此发生的追加合同价款，相应顺延工期；责任在承包方的，由承包方承担费用，不顺延工期。

2. 施工合同的实施

（1）施工组织设计和工期

承包方应当按专用条款约定的日期，将施工组织设计和工程进度计划提交给工程师。群体工程中采取分阶段进行施工的单项工程，承包方则应按照发包方提供图纸及有关资料的时间，按单项工程编制进度计划，分别向工程师提交。工程师接到承包方提交的进度计划后，应当予以确认或者提出修改意见。工程师对进度计划予以确认或者提出修改意见，并不免除承包方施工组织设计和工程进度计划本身的缺陷所应承担的责任。

承包方应当按协议书约定的开工日期开始施工。承包方不能按时开工，应在不迟于协议书约定的开工日期前 7 天，以书面形式向工程师提出延期开工的理由和要求。工程师在接到延期开工申请后的 48 小时内以书面形式答复承包方。工程师在接到延期开工申请后的 48 小时内不答复，视为同意承包方的要求，工期相应顺延。因发包方的原因不能按照协议书约定的开工日期开工，工程师以书面形式通知承包方后，可推迟开工日期。承包方对延期开工的通知没有否决权，但发包方应当赔偿承包方因此造成的损失，相应顺延工期。

承包方应当按照合同约定完成工程施工，如果由于其自身的原因造成工期延误，应当承担违约责任。因以下原因造成工期延误，经工程师确认，工期相应顺延：

1）发包方不能按专用条款的约定提供开工条件；

2）发包方不能按约定日期支付工程预付款、进度款，致使工程不能正常进行；

3）设计变更和工程量增加；

4）一周内非承包方原因停水、停电、停气造成停工累计超过 8 小时；

5）不可抗力事件；

6）专用条款中约定或工程师同意工期顺延的其他情况。

承包方在工期可以顺延的情况发生后 14 天内，应将延误的工期向工程师提出书面报告。工程师在收到报告后 14 天内予以确认答复，逾期不予答复，视为报告要求已经被确认。

（2）施工质量和检验

施工合同的质量控制涉及许多方面的因素，是合同履行中的重要环节，任何一个方面的缺陷和疏漏，都会对工程质量造成不良影响。工程质量应当达到协议书约定的质量标准，质量标准的评定以国家或者行业的质量检验评定标准为准。达不到约定标准的工程部分，工程师一经发现，可要求承包方返工，承包方应当按照工程师的要求返工，直到符合约定标准。

1）施工过程中的检查和返工：承包方应认真按照标准、规范和设计要求以及工程师依据合同发出的指令施工，随时接受工程师及其委派人员的检查检验，为检查、检验提供便利条件，并按工程师及其委派人员的要求返工、修改，承担由于自身原因导致返工、修改的费用。

检查、检验不应影响施工正常进行，如影响施工正常进行，检查、检验不合格时，影响正常施工的费用由承包方承担。除此之外，影响正常施工的追加合同价款由发包方承担，相应顺延工期。

检查、检验合格后，又发现因承包方引起的质量问题，由承包方承担责任，赔偿发包方的直接损失，工期不予顺延。

2）隐蔽工程和中间验收：工程具备隐蔽条件和达到专用条款约定的中间验收部位，承包方进行自检，并在隐蔽和中间验收前 48 小时以书面形式通知工程师验收。承包方准备验收记录，验收合格，工程师在验收记录上签字后，承包方可进行隐蔽和继续施工。验收不合格，承包方在工程师限定的时间内修改后重新验收。

工程质量符合标准、规范和设计图纸等的要求，验收24小时后，工程师不在验收记录上签字，视为工程师已经批准，承包方可进行隐蔽或者继续施工。

3）重新检验：工程师不能按时参加验收，须在开始验收前24小时向承包方提出书面延期要求，延期不能超过2天。工程师未能按以上时间提出延期要求，不参加验收，承包方可自行组织验收，发包方应承认验收记录。

无论工程师是否参加验收，当其提出对已经隐蔽的工程重新进行检验的要求时，承包方应按要求进行剥露或者开孔，并在检验后重新覆盖或者修复。

检验合格，发包方承担由此发生的全部追加合同价款，赔偿承包方损失，并相应顺延工期。检验不合格，承包方承担发生的全部费用，工期不予顺延。

4）试车：设备安装工程，应当组织试车，试车内容应与承包方承包的安装范围相一致。

5）材料设备供应：对建筑材料、构配件生产及设备的供应，由供应方对其生产或者供应的产品质量负责，需方则应根据买卖合同的规定进行质量验收。

承包方需要使用代用材料时，须经工程师认可后方可使用，由此增减的合同价款应由双方以书面形式议定。

（3）合同价款与支付

1）施工合同价款及调整：合同价款应依据中标通知书中的中标价格和非招标工程的工程预算书确定。合同价款在协议书内约定后，任何一方不得擅自改变。合同价款可以按照固定价格合同、可调价格合同、成本加酬金合同三种方式约定。可调价格合同中价款调整的范围包括：

① 国家法律、行政法规和国家政策变化影响合同价款；

② 工程造价管理部门公布的价格调整；

③ 一周内非承包方原因停水、停电、停气造成停工累计超过 8 小时；

④ 双方约定的其他调整或增减。

2）工程预付款：工程预付款主要是用于采购建筑材料。预付额度，建筑工程一般不得超过当年建筑工程工作量的 30%，大量采用预制构件以及工期在 6 个月以内的工程可以适当增加；安装工程一般不得超过当年安装工程量的 10%，安装材料用量较大的工程可以适当增加。预付时间应不迟于约定的开工日期前 7 天。发包方不按约定预付，承包方在约定预付时间后 7 天向发包方发出要求预付的通知，发包方收到通知后仍不能按要求预付，承包方可在发出通知后 7 天内停止施工，发包方应从约定应付之日起向承包方支付应付款的贷款利息，并承担违约责任。

3）工程量的确认：对承包方已完成工程量的核实确认，是发包方支付工程款的前提，其具体的确认程序如下：首先，承包方向工程师提交已完工程量的报告。然后，工程师进行计量。工程师接到报告后 7 天内按设计图纸核实已完工程量，并在计量前 24 小时通知承包方，承包方为计量提供便利条件并派人参加。承包方不参加计量，发包方自行进行计量，结果有效，作为工程价款支付的依据。

4）工程款（进度款）支付：发包方应当在双方计量确认后 14 天内，向承包方支付工程款（进度款）。同期用于工程上的发包方供应材料设备的价款，以及按约定时间发包方应按比例扣回的预付款，与工程款（进度款）同期结算。合同价款调整、设计变更调整的合同价款及追加的合同价款，应与工程款（进度款）同期调整支付。

（4）竣工验收与结算

1）竣工验收中承发包方双方的具体工作程序和责任：当工程具备竣工验收条件时，承包方应按国家工程竣工验收有关规定，向发包方提供完整的竣工资料及竣工验收报告。双方约定由承包方提供竣工图的，应当在专用条款内约定提供的日期和份数。

发包方收到竣工验收报告后28天内组织有关部门验收,并在验收后14天内给予认可或提出修改意见。承包方按要求修改。由于承包方原因,工程质量达不到约定的质量标准,承包方承担违约责任。因特殊原因,发包方要求部分单位工程或者工程部位须甩项竣工时,双方另行签订甩项竣工协议,明确双方责任和工程价款的支付办法。建设工程未经验收或验收不合格的,不得交付使用。发包方强行使用的,由此发生的质量问题及其他问题,由发包方承担责任。

2)竣工结算:工程竣工验收报告经发包方认可后28天内,承包方向发包方递交竣工结算报告及完整的结算资料。工程竣工验收报告经发包方认可后28天内,承包方未能向发包方递交竣工结算报告及完整的结算资料,造成工程竣工结算不能正常进行或工程竣工结算价款不能及时支付,发包方要求交付工程的,承包方应当交付;发包方不要求交付工程的,承包方承担保管责任。

发包方自收到竣工结算报告及结算资料后28天内进行核实,确认后支付工程竣工结算价款。承包方收到竣工结算价款后14天内将竣工工程交付发包方。

3)质量保修:建设工程办理竣工验收手续后,在规定的期限内,因勘察、设计、施工、材料等原因造成的质量缺陷,应当由施工单位负责维修。所谓质量缺陷是指工程不符合国家或行业现行的有关技术标准、设计文件以及合同中对质量的要求。

(5)安全施工

发包方按工程质量、安全及消防管理有关规定组织施工,采取严格的安全防护措施,承担由于自身的安全措施不力造成事故的责任和因此发生的费用。非承包方责任造成的安全事故,由责任方承担责任和发生的费用。

发生重大伤亡及其他安全事故,承包方应按有关规定立即上报有关部门并通知工程师,同时按政府有关部门要求处理,发生的费用由事故责任方承担。

承包方在动力设备、输电线路、地下管道、密封防震车间、易燃易爆地段以及临街交通要道附近施工时，施工开始前应向工程师提出安全保护措施，经工程师认可后实施，保护措施费用由发包方承担。

实施爆破作业，在放射、毒害性环境中施工（含存储、运输、使用）及使用毒害性、腐蚀性物品施工时，承包方应在施工前14天以书面形式通知工程师，并提出相应的安全保护措施，经工程师认可后实施。安全保护措施费用由发包方承担。

（6）不可抗力事件

不可抗力事件是指合同当事人不能预见、不能避免并不能克服的客观情况。

不可抗力事件发生后对施工合同的履行会造成较大的影响，因不可抗力事件导致的费用及延误的工期由双方按以下方法分别承担：

1）工程本身的损害、第三方人员伤亡和财产损失以及运至施工场地用于施工的材料和待安装的设备的损害，由发包方承担；

2）承发包双方人员伤亡由其所在单位负责，并承担相应费用；

3）承包方施工机械设备损坏及停工损失，由承包方承担；

4）停工期间，承包方应工程师要求留在施工场地的必要的管理人员及保卫人员的费用由发包方承担；

5）工程所需清理、修复费用，由发包方承担；

6）延误的工期相应顺延。

因合同一方迟延履行合同后发生不可抗力的，不能免除相应责任。

（7）保险

虽然我国对工程保险（主要是施工过程中的保险）没有强制性的规定，但随着业主负责制的推行，以前存在着事实上由国家承担不可抗力风险的情况将会有很大改变。工程项目参加保险的情况会越来越多。

双方的保险义务分担如下：

1）工程开工前，发包方应当为工程和施工场地内发包方人员及第三方人员生命财产办理保险，支付保险费用。发包方可以将上述保险事项委托承包方办理，但费用由发包方承担。

2）承包方必须为从事危险作业的职工办理意外伤害保险，并为施工场地内自有人员生命财产和施工机械设备办理保险，支付保险费用。

3）运至施工场地内用于工程的材料和待安装设备，不论由承发包双方任何一方保管，都应由发包方（或委托承包方）办理保险，并支付保险费用。

保险事故发生时，承发包双方有责任尽力采取必要的措施，防止或者减少损失。

（8）担保

承发包双方为了全面履行合同，应互相提供以下担保：

1）发包方向承包方提供履约担保，按合同约定支付工程价款及履行合同约定的其他义务。

2）承包方向发包方提供履约担保，按合同约定履行自己的各项义务。

（9）专利技术及特殊工艺

发包方要求使用专利技术或特殊工艺，须负责办理相应的申报手续，承担申报、试验、使用等费用。承包方按发包方要求使用，并负责试验等有关工作。承包方提出使用专利技术或特殊工艺，报工程师认可后实施。

（10）文物和地下障碍物

在施工中发现古墓、古建筑遗址、钱币等文物及化石或其他有考古、地质研究等价值的物品时，承包方应立即保护好现场并于 4 小时内以书面形式通知工程师，工程师应于收到书面通知后 24 小时内报告当地文物管理部门，发包方、承包方按文物管理部门要求采取妥善保护措施。发包方承担由此发生的费用,延误的工期相应顺延。

施工中发现影响施工的地下障碍物时，承包方应于 8 小时内以书面形式通知工程师,同时提出处置方案,工程师接到处置方案后 24 小时内予以认可或提出修正方案。发包方承担由此发生的费用,延误的工期相应顺延。

(11) 工程分包

工程分包是指经合同约定和发包单位认可，从工程承包方承包的工程中承包部分工程的行为。

1) 分包合同的签订:承包方必须自行完成建设项目(单项工程或单位工程)的主要部分,其非主要部分或专业性较强的工程可分包给营业条件符合该工程技术要求的建筑安装单位。结构和技术要求相同的群体工程，承包方应自行完成半数以上的单位工程。承包方按专用条款的约定分包所承包的部分工程,并与分包单位签订分包合同。

2) 分包合同的履行:工程分包不能解除承包方任何责任与义务。承包方应在分包场地派驻相应监督管理人员,保证本合同的履行。分包单位的任何违约行为、安全事故或疏忽导致工程损害或给发包方造成其他损失,承包方承担连带责任。

3. 合同解除

施工合同订立后,当事人应当按照合同的约定履行。出现下列情形之一的,施工合同可以解除:

(1) 协商解除

施工合同当事人协商一致,可以解除。

(2) 不可抗力导致合同的解除

因为不可抗力或者非合同当事人的原因，造成工程停建或缓建,致使合同无法履行,合同双方可以解除合同。

(3) 由于当事人违约导致合同的解除

合同当事人出现以下违约时,可以解除合同:

1) 当事人不按合同约定支付工程款(进度款),双方又未达

成延期付款协议,导致施工无法进行,承包方停止施工超过 56 天,发包方仍不支付工程款(进度款),承包方有权解除合同;

2)承包方将其承包的全部工程转包给他人,发包方有权解除合同;

3)合同当事人一方的其他违约致使合同无法履行,合同双方可以解除合同。

合同解除后,当事人双方约定的结算和清理条款仍然有效。承包方应当按照发包方要求妥善做好已完工程和已购材料、设备的保护和移交工作。

4. 违约责任

(1)发包方的违约责任

发包方不按约定预付工程款,承包方有权在约定预付时间 7 天后向发包方发出要求预付的通知,发包方收到通知后仍不能按要求预付,承包方可以在发出通知 7 天后停止施工,发包方应当从约定应付之日起向承包方支付应付款的贷款利息,并承担违约责任。

发包方超过约定的支付时间不支付工程进度款,承包方可向发包方发出要求付款的通知,发包方在收到承包方通知后仍不能按要求支付,可与承包方协商签订延期付款协议,经承包方同意后可以延期支付。发包方不按合同约定支付工程款(进度款),双方又未达成延期付款协议,导致施工无法进行,承包方可停止施工,由发包方承担违约责任。

发包方收到竣工结算报告及结算资料后 28 天内无正当理由不支付工程竣工结算价款,从第 29 天起按承包方同期向银行贷款利率支付拖欠工程价款的利息,并承担违约责任。发包方在收到竣工结算报告及结算资料后 56 天内仍不支付的,承包方可以与发包方协议将该工程折价,也可以由承包方申请人民法院将该工程依法拍卖,承包方就该工程折价或者拍卖的价款优先受偿。

发包方不按合同约定支付各项价款或工程师不能及时给出

必要的指令、确认等,致使合同无法履行,发包方承担违约责任,赔偿因其违约给承包方造成的直接损失,延误的工期相应顺延。

发包方不履行合同义务或者不按合同约定履行其他义务,发包方承担违约责任,赔偿因其违约给承包方造成的直接损失,延误的工期相应顺延。

(2) 承包方的违约责任

承包方不能按合同工期竣工,工程质量达不到约定的质量标准,或由于承包方原因致使合同无法履行,承包方承担违约责任,赔偿因其违约给发包方造成的损失。

5. 争议的解决

在履行施工合同发生争议时,双方可以和解或者要求合同管理及其他有关主管部门调解。和解或调解不成的,双方可达成仲裁协议,向约定的仲裁委员会申请仲裁,或向有管辖权的人民法院起诉。

发生争议后,在一般情况下,双方都应继续履行合同,保持施工连续,保护好已完工程。当出现下列情况时,当事人可停止履行施工合同:

(1) 单方违约导致合同确已无法履行,双方协议停止施工;

(2) 调解要求停止施工,且为双方接受;

(3) 仲裁机关裁决停止施工;

(4) 法院判决停止施工。

四、建设工程分包合同的主要内容

1. 建设工程分包的概念

建设工程分包是指施工总承包企业将所承包建设工程中的专业工程或劳务作业发包给其他建筑业企业完成的活动。分包分为专业工程分包和劳务作业分包。

专业承包序列企业资质设 2 ~ 3 个等级,60 个资质类别,其中常用类别有:地基与基础、建筑装饰装修、建筑幕墙、钢结构、机电设备安装、电梯安装、消防设施、建筑防水、防腐保温、园林古建筑、爆破与拆除、电信工程、管道工程等。

劳务分包序列企业资质设 1 ~ 2 个等级,13 个资质类别,其中常用类别有:木工作业、砌筑作业、抹灰作业、油漆作业、钢筋作业、混凝土作业、脚手架作业、模板作业、焊接作业、水暖电安装作业等。如同时发生多类作业可划分为结构劳务作业、装修劳务作业、综合劳务作业。

2. 关于分包的法律禁止性规定

(1) 违法分包

根据《建设工程质量管理条例》的规定，违法分包指下列行为：

1) 总承包单位将建设工程分包给不具备相应资质条件的单位，包括不具备资质条件和超越自身资质等级承揽业务两类情况；

2) 建设工程总承包合同中未有约定，又未经建设单位认可,承包单位将其承包的部分建设工程交由其他单位完成的；

3) 施工总承包单位将建设工程主体结构的施工分包给其他单位的；

4) 分包单位将其承包的建设工程再分包的。

(2) 转包

转包是指承包单位承包建设工程后，不履行合同约定的责任和义务，将其承包的全部建设工程转给他人或者将其承包的全部工程肢解后以分包的名义分别转给他人承包的行为。

(3) 挂靠

挂靠是与违法分包和转包密切相关的另一种违法行为，包括：

1) 转让、出借资质证书或者以其他方式允许他人以本企业名义承揽工程；

2) 项目管理机构的项目经理、技术负责人、项目核算负责人、质量管理人员、安全管理人员等不是本单位人员,与本单位无合法的人事或者劳动合同、工资福利以及社会保险关系；

3) 建设单位的工程款直接进入项目管理机构财务。

3. 建设工程施工专业分包合同示范文本的主要内容

原国家建设部和国家工商行政管理总局于2003年发布了《建设工程施工专业分包合同(示范文本)》(GF–2003–0213)。

建设工程施工专业分包合同示范文本是在建设工程施工合同示范文本执行三年后制定的，两个文本依照的法律法规和遵循的原则是一样的。文本结构与词语含义及表述、顺序也基本相同，后者以前者的基本框架为基础，根据分包与承包的具体特点，对前者条文适当增删或变换表述口气，即为专业分包合同示范文本。

专业分包合同仍然包括协议书、通用条款和专用条款三部分，专用条款与通用条款条目相对应(见表3–1)，是通用条款在

表3–1　施工合同与专业分包合同文本条目名称对照表

施工合同		专业分包合同	
分部	条目	分部	条目
一、词语定义及合同文件	1. 词语定义 2. 合同文件及解释顺序 3. 语言文字和适用法律、标准及规范 4. 图纸	一、词语定义及合同文件	1. 词语定义 2. 合同文件及解释顺序 3. 语言文字和适用法律、行政法规及工程建设标准 4. 图纸
二、双方一般权利和义务	5. 工程师 6. 工程师的委派和指令 7. 项目经理 8. 发包人的工作 9. 承包人的工作	二、双方一般权利和义务	5. 总包合同 6. 指令和决定 7. 项目经理 8. 分包项目经理 9. 承包人的工作 10. 分包人的工作 11. 总包合同解除 12. 转包与再分

续表

施工合同		专业分包合同	
分部	条目	分部	条目
三、施工组织设计和工期	10. 进度计划 11. 开工及延期开工 12. 暂停施工 13. 工期延误 14. 工程竣工	三、工期	13. 开工与延期开工 14. 工期延误 15. 暂停施工 16. 工程竣工
四、质量与检验	15. 工程质量 16. 检查和返工 17. 隐蔽工程和中间验收 18. 重新检验 19. 工程试车	四、质量与安全	17. 质量检查与验收 18. 安全施工
五、安全施工	20. 安全施工与检查 21. 安全防护 22. 事故处理	五、合同价款与支付	19. 合同价款及调整 20. 工程量的确认 21. 合同价款的支付
六、合同价款与支付	23. 合同价款及调整 24. 工程预付款 25. 工程量的确认 26. 工程款(进度款)支付	六、工程变更	22. 工程变更
七、材料设备供应	27. 发包人供应材料设备 28. 承包人采购材料设备	七、竣工验收及结算	23. 竣工验收 24. 竣工结算及移交 25. 质量保修
八、工程变更	29. 工程设计变更 30. 其他变更 31. 确定变更价款	八、违约、索赔及争议	26. 违约 27. 索赔 28. 争议
九、竣工验收与结算	32. 竣工验收 33. 竣工结算 34. 质量保修	九、保障、保险及担保	29. 保障 30. 保险 31. 担保

续表

施工合同		专业分包合同	
分部	条目	分部	条目
十、违约、索赔及争议	35 违约 36. 索赔 37. 争议	十、其他	32. 材料设备供应 33. 文物 34. 不可抗力 35. 分包合同解除 36. 合同生效与终止 37. 合同份数 38. 补充条款
十一、其他	38. 工程分包 39. 不可抗力 40. 保险 41. 担保 42. 专利技术及特殊工艺 43. 文物和地下障碍物 44. 合同解除 45. 合同生效与终止 46. 合同份数 47. 补充条款		

具体工程上的落实。协议书部分将施工合同中的发包人改为承包人，将承包人改为分包人，其余内容无实质性差别。

专业分包合同是以发包人与承包人已经签订施工总承包合同为前提条件的，承包人对发包人负责，分包人对承包人负责，分包人履行总包合同中与分包工程有关的承包人的所有义务，并与承包人承担履行分包工程合同以及确保分包工程质量的连带责任。因此，分包人应全面了解总包合同的除价格内容以外各项规定，以便明确己方的责任范围。根据分包人与发包人的关系条款规定，分包人须服从承包人转发的发包人或工程师与分包工程有关的指令。未经承包人允许,分包人不得以任何理由与发包人或工程师发生直接工作联系，分包人不得直接致函发包人或工程师,也不得直接接受发包人或工程师的指令。如分包人与发包人或工程师发生直接工作联系,将被视为违约,并承担违约责任。

此外,就分包工程范围内的有关工作,分包人应执行经承包人确认和转发的发包人或工程师发出的所有指令和决定。

与施工合同"工程分包"条款相比较,分包人再没有将工程分包的权利,仅可以经承包人同意进行劳务分包。相应的条款为"转包再分包"(第二部分中第 12 条)。此条款规定:除 12.2 款规定的情况外，分包人不得将其承包的分包工程转包给他人，也不得将其承包的工程的全部或部分再分包给他人。如分包人将其承包的工程转包或再分包,将被视为违约,并承担违约责任。第 12.2 款规定:分包人经承包人同意可以将劳务作业再分包给具有相应劳务分包资质的劳务企业。分包人应对再分包的劳务作业的质量等相关事宜进行督促和检查,并承担相关连带责任。

五、劳务分包合同的主要内容

原建设部和国家工商行政管理总局于 2003 年发布了《建设工程施工劳务分包合同(示范文本)》(GF-2003-0214),规范了劳务分包合同的主要内容。

劳务分包合同和专业分包合同一样，是为配合工程施工合同而制定的分包合同。劳务分包合同是以发包人与工程承包人已经签订施工总包合同或专业承(分)包合同为前提条件,依照法律法规与遵循原则同前两个合同文本。由于劳务分包合同所含的工作规模小,合同总价低,涉及的技术规范和法律概念在前两个合同文本中已有明确规定,所以本合同文本较之更为简单、更明了些。劳务分包合同文本采用了较简化的表达方式,将协议书通用条款和专用条款合为一体。国家对双方当事人的行为规范要求分条款表明，双方将协商好的量化意见填在相应条款的空格中即可，例如资质证书号码、开始工作日期、合同价款等。文本共列35条，前9条相当于分包合同文本中的协议书和通用条款中的一分部词语定义及合同文件。后面合同生效、补充条款、合同份数、合同终止、合同解除5条为双方的约定和解除、终止的定义与要求。和前面两个文本中内容相近或定义与总包合同中的定义相同的条款有：文物和地下障碍物、不可抗力、争议、索赔、保险、事故处理、安全防护、安全施工与检查、施工变更等。此外，针对劳务分包的特点，文本制定者给出了若干重要而又详尽的条款，下面分别简要介绍。

(一) 工程承包人义务

(1) 组建与工程相适应的项目管理班子，全面履行总(分)包合同，组织实施施工管理的各项工作，对工程的工期和质量向发包人负责。

(2) 除非本合同另有约定，工程承包人完成劳务分包人施工前期的下列工作并承担相应费用。

1) 向劳务分包人交付具备本合同项目下劳务作业开工条件的施工场地，施工场地要符合约定的要求。

2) 完成水、电、热、电信等施工管线和施工道路，并满足完成本合同劳务作业所需的能源供应、通讯及施工道路畅通的时间和质量要求。

3) 向劳务分包人提供相应地质和地下管网线路资料；分包人根据分包合同所发出的所有指令。分包人拒不执行指令，承包人可委托完成办理包括各种证件、批件、规费等工作手续。

4) 向劳务分包人提供相应的水准点与坐标控制点位置，其交验要求与保护责任双方要约定。

5) 向劳务分包人提供符合双方约定要求的生产、生活临时设施。

以上各款均需在双方约定的日期之前完成。

(3) 负责编制施工组织设计，统一制定各项管理目标，组织编制年、季、月施工计划、物资需用量计划表，实施对工程质量、工期、安全生产、文明施工、计量检测、试验、化验的控制、监督、检查和验收。

(4) 负责工程测量定位、沉降观测、技术交底、组织图纸会审，统一安排技术档案资料的收集整理及交工验收。

(5) 统筹安排、协调解决非劳务分包人独立使用的生产、生活临时设施、工作用水、用电及施工场地。

(6) 按时提供图纸，及时交付应供材料、设备，所提供的施工机械设备、周转材料、安全设施保证施工需要。

(7) 按本合同约定，向劳务分包人支付劳动报酬。

(8) 负责与发包人、监理、设计及有关部门联系，协调现场工作关系。

(二) 劳务分包人义务

(1) 对本合同劳务分包范围内的工程质量向工程承包人负责，组织具有相应资格证书的熟练工人投入工作；未经工程承包人授权或允许，不得擅自与发包人及有关部门建立工作联系；自觉遵守法律法规及有关规章制度。

(2) 劳务分包人根据施工组织设计总进度计划的要求，每月底前一天提交下月施工计划，有阶段工期要求的提交阶段施工计划，必要时按工程承包人要求提交旬、周施工计划，以及与完成上述阶段、时段施工计划相应的劳动力安排计划，经工程承包人批准后严格实施。

(3) 严格按照设计图纸、施工验收规范、有关技术要求及施工组织设计精心组织施工，确保工程质量达到约定的标准；科学安排作业计划，投入足够的人力、物力，保证工期；加强安全教育，认真执行安全技术规范，严格遵守安全制度，落实安全措施，确保施工安全；加强现场管理，严格执行建设主管部门及环保、消防、环卫等有关部门对施工现场的管理规定，做到文明施工；承担由于自身责任造成的质量修改、返工、工期拖延、安全事故、现场脏乱造成的损失及各种罚款。

（4）自觉接受工程承包人及有关部门的管理、监督和检查；接受工程承包人随时检查其设备、材料保管、使用情况，及其操作人员的有效证件、持证上岗情况；与现场其他单位协调配合，照顾全局。

（5）按工程承包人统一规划堆放材料、机具，按工程承包人标准化工地要求设置标牌，搞好生活区的管理，做好自身责任区的治安保卫工作。

（6）按时提交报表、完整的原始技术经济资料，配合工程承包人办理交工验收。

（7）做好施工场地周围建筑物、构筑物和地下管线及已完工程部分的成品保护工作，因劳务分包人责任发生损坏，劳务分包人自行承担由此引起的一切经济损失及各种罚款。

（8）妥善保管、合理使用工程承包人提供或租赁给劳务分包人使用的机具、周转材料及其他设施。

（9）劳务分包人须服从工程承包人转发的发包人及工程师指令。

（10）除非本合同另有约定，劳务分包人应对其作业内容的实施、完工负责，劳务分包人应承担并履行总（分）包合同约定的、与劳务作业有关的所有义务及工作程序。

（三）材料、设备供应

（1）劳务分包人应在接到图纸后约定时间内，向工程承包人提交材料、设备、构配件供应计划；经确认后，工程承包人应按供应计划要求的质量、品种、规格、型号、数量和供应时间等组织货源并及时交付；需要劳务分包人运输、卸车的，劳务分包人必须及时进行，费用另行约定。如质量、品种、规格、型号不符合要求，劳务分包人应在验收时提出，工程承包人负责处理。

（2）劳务分包人应妥善保管、合理使用工程承包人供应的材料、设备。因保管不善发生丢失、损坏，劳务分包人应予以赔偿，并承担因此造成的工期延误等发生的一切经济损失。

（3）工程承包人委托劳务分包人采购低值易耗性材料时，

应列明名称、规格、数量、质量和其他要求。

(4) 工程承包人委托劳务分包人采购低值易耗性材料的费用,由劳务分包人凭采购凭证,另加一定的管理费由工程承包人报销。

(四) 劳务报酬

(1) 本工程的劳务报酬采用下列任何一种方式计算:

1) 固定劳务报酬(含管理费);

2) 约定不同工种劳务的计时单价(含管理费),按确认的工时计算;

3) 约定不同工作成果的计件单价(含管理费),按确认的工程量计算。

(2) 本工程的劳务报酬,除下列情况外,均为一次包死,不再调整。固定劳务报酬或单价可以调整的情况为:

1) 以本合同约定价格为基准,市场人工价格的变化幅度超过约定限度时(如__%),按变化前后价格的差额予以调整;

2) 后续法律及政策变化,导致劳务价格变化的,按变化前后价格的差额予以调整;

3) 双方约定的其他情形。

(五) 工时及工程量的确认

(1) 采用固定劳务报酬方式的,施工过程中不计算工时和工程量。

(2) 采用按确定的工时计算劳务报酬的,由劳务分包人每日将提供劳务人数报工程承包人,由工程承包人确认。

(3) 采用按确认的工程量计算劳务报酬的,由劳务分包人按月(或旬、日)将完成的工程量报工程承包人,由工程承包人确认。对劳务分包人未经工程承包人认可超出设计图纸范围和因劳务分包人原因造成返工的工程量,工程承包人不予计量。

(六) 劳务报酬的中间支付和最终支付

无论是采用固定劳务报酬方式还是采用计时单价或计件单

价方式支付劳务报酬，都可以采用中间支付，但双方必须在合同中约定支付时间（年、月、日）。劳务分包人全部工作完成，经工程承包人认可后 14 天内，劳务分包人向工程承包人递交完整的结算资料，双方按照本合同约定的计价方式，进行劳务报酬的最终支付。

（七）禁止转包或再分包

劳务分包人不得将本合同项下的劳务作业转包或再分包给他人，否则，劳务分包人将依法承担责任。

第二节　建设工程施工合同管理主要内容

一、建设工程施工合同管理的特点

由于建设工程施工合同的特点，合同管理具有如下特点：

（1）持续时间长

合同的形成是一个渐进的过程，一般施工项目短者 1～2 年，长者几年甚至更长时间，因此，合同管理必然在项目生命周期内长时间连续而不间断地进行。

（2）对工程经济效益影响很大

由于工程项目规模大，合同价格高，合同管理对经济效益影响很大，据统计，合同管理成功与否对经济效益产生的影响之差达到工程造价的 20%左右。

（3）必须实行动态管理

由于合同的形成和履行是一个逐步磨合的过程，特别是在合同履行过程中环境影响大，合同参与者众多，合同变更较频繁，合同实施必须按变化了的情况不断地调整。

（4）影响因素多，风险大

由于工程实施时间长、涉及面广，合同管理外界环境影响大，许多因素难以预测，不能控制，这些都会妨碍合同的正常实施，使合同关系、合同条件、合同实施过程越来越复杂，要履行施工合同，就必须完成与其他相关的诸多合同事件，因此，有人将工程建设列为目前风险最大的经济活动之一。

企业应建立合同管理制度，设立专门机构或人员负责合同管理工作。

二、承包方的合同管理应遵循的程序

（1）合同评审。

（2）合同订立。

（3）合同实施计划编制。

（4）合同实施控制。

（5）合同后评价。

三、建设工程施工合同管理的主要内容

1. 项目合同评审

合同评审应在合同签订之前进行，主要是对招标文件和合同条件进行全面和深刻的理解评定。合同评审应在投标阶段进行初步评审，原因是招标文件一般提供了合同范本格式，特别是对专用条款进行的详细的规定，包括一些可能存在不平等的条款，一旦作出完全响应招标文件的承诺，在正式签订合同时，由于是在招标文件的合同格式附件相关条款基础上进行合同谈判，可能出现不必要的损失。

合同评审应包括下列内容：

（1）招标工程和合同的合法性审查；

（2）招标文件和合同条款的完备性审查；

（3）合同双方责任、权益和项目范围认定；

（4）与产品有关要求的评审；

（5）投标风险和合同风险评价。

承包方应有能力完成合同要求。承包方应研究合同文件和发包方所提供的信息，确保合同要求得以实现，当承包方发现问题时应与发包方及时澄清，并以书面方式确定。

2. 合同谈判与签约

（1）合同谈判的主要内容

1）确认工程内容和范围：合同的“标的”是合同最基本的要素，建设工程合同的标的量化就是工程承包内容和范围。对于在谈判讨论中经双方确认的内容及范围方面的修改或调整，应和其他所有在谈判中双方达成一致的内容一样，以书面方式确定下来，并以“合同补遗”或“会议纪要”方式作为合同附件并说明其构成合同的一部分，并具有同等的效力。

对于一般的单价合同，如发包方在原招标文件中未明确工程量变更部分的限度，谈判时则应要求与发包方共同确定一个“增减量幅度”，当超过该幅度时，承包方有权要求对工程单价进行调整。

2）确认技术要求、技术规范和施工技术方案。

3）确认合同价格条款。

4）确认价格调整条款：一般建设工程工期较长，遭受货币贬值或通货膨胀等因素的影响，可能给承包方造成较大损失，承包方在投标过程中，尤其是在合同谈判阶段务必对合同的价格调整条款予以充分的重视。

5）确认合同款支付方式的条款。

6）确认工期和维修期：承包方应通过谈判使发包方接受并在合同文本中明确承包方保留由于工程变更、恶劣的气候影响，以及种种“作为一个有经验的承包方也无法预料的工程施工过程中条件（如地质条件、超标准的洪水等）的变化”等原因对工期产生不利影响时要求合理地延长工期的权利。

合同文本中应当对保修工程的范围和保修责任及保修期的开始和结束时间有明确的说明，承包方应该只承担由于材料和施工方法及操作工艺等不符合合同规定而产生的缺陷。

在合同签订之前双方还要对如下内容进一步洽商：合同图纸；合同的某些措辞；违约罚金和工期提前奖金；工程量验收以及衔接工序和隐蔽工程施工的验收程序；施工占地；开工和

工期；向承包方移交施工现场和基础资料；工程交付；预付款保函等。

（2）合同签订

对所有在招标投标及谈判前后各方发出的文件、文字说明、解释性资料进行清理。对凡是与合同构成矛盾的文件，应宣布作废。

在合同谈判阶段，双方谈判的结果一般以合同补遗的形式，有时也可以以合同谈判纪要形式，形成书面文件。这一文件将成为合同文件中极为重要的组成部分，因为它最终确认了合同签订人之间的意志，所以它在合同解释中优先于其他文件。由于合同补遗或合同谈判纪要会涉及合同的技术、经济、法律等所有方面，作为承包方主要是核实其是否忠实于合同谈判过程中双方达成的一致性意见，并注意其文字的准确性。对于经过谈判更改了招标文件中条款的部分，应给予说明，合同实施按照合同补遗执行。

应该注意的是，建设工程承包合同必须遵守法律。对于违反法律的条款，即使由合同双方达成协议并签了字，也不受法律保障。

发包方或监理工程师在合同谈判结束后，应按上述内容和形式完成一个完整的合同文本草案，并经承包方授权代表认可后正式形成文件。承包方代表应认真审核合同草案的全部内容。当双方认为满意并核对无误后由双方代表草签，至此合同谈判阶段即告结束。

承包方应及时准备和递交履约保函，准备正式签署承包合同。

3. 项目合同实施计划

合同实施计划应包括合同实施总体安排、分包策划以及合同实施保证体系的建立等内容。合同实施保证体系应与其他管理体系协调一致，须建立合同文件沟通方式、编码系统和文档系统。

承包方所签订的各分包合同及自行完成工作责任的分配，应能涵盖主合同的总体责任，对其同时承接的合同作总体协调安排，在价格、进度、组织等方面符合要求。

4. 项目合同实施控制

合同实施控制包括合同分析、合同交底、合同跟踪与诊断、合同变更管理和索赔管理等工作。

（1）合同分析

合同分析在不同的时期，为了不同的目的，有不同的内容。包括合同的法律基础、承包方的主要任务、发包方的主要任务、合同价格分析、施工工期、违约责任、验收、移交和保修、索赔程序和争议的解决。

（2）合同交底

合同分析后，应由合同管理人员向各层次管理者作“合同交底”，把合同责任具体地落实到各责任人和合同实施的具体工作上。

合同交底应包括合同的主要内容、合同实施的主要风险、合同签订过程中的特殊问题、合同实施计划和合同实施责任分配等内容。

（3）合同跟踪和诊断应符合下列要求：

1）合同跟踪时要全面收集并分析合同实施的信息，将合同实施情况与合同实施计划进行对比分析，找出其中的偏差，及时采取措施，调整合同实施过程，达到合同总目标，所以合同跟踪是决策的前导工作。在整个工程过程中，项目管理人员应清楚地了解合同实施情况，对合同实施现状、趋向和结果有一个清醒的认识。

2）合同诊断内容应包括：合同执行差异的原因分析、合同差异责任分析、合同实施趋向预测。应及时通报合同实施情况及存在问题，提出合同实施方面的意见和建议，并采取相应的管理措施。

（4）合同变更管理

承包方对合同变更管理应包括：变更协商、变更处理程序、制定并落实变更措施、修改与变更相关的资料以及结果检查等工作。

(5) 索赔管理工作

承包方对发包方、分包人、供应商之间的索赔管理工作包括下列内容:

1) 预测、寻找和发现索赔机会;

2) 收集索赔的证据和理由, 调查和分析干扰事件的影响, 计算索赔值;

3) 提出索赔意向和报告。

(6) 合同档案管理

合同及合同文件资料是进行项目管理的重要依据, 应得到充分的重视。合同资料文档管理的主要内容包括:

1) 合同资料的收集:包括合同订立中产生的资料、文件;合同分析时产生的分析文件;在合同实施过程中产生的资料,如记工单、领料单、图纸、报告、指令、信件等。

2) 资料整理:原始资料必须经过信息加工才能成为可供决策的信息,成为工程报表或报告文件。

3) 资料的归档: 所有合同管理中涉及的资料不仅目前使用,而且必须保存,直到合同结束,为了查找和使用方便必须建立资料的文档系统。

4) 资料的使用:合同管理人员有责任向项目经理及发包方作工程实施情况报告,向各职能人员和各工程小组、分包商提供资料,并为工程的各种验收、为索赔和反索赔提供资料和证据。

5. 项目合同后评价

在合同执行后必须及时进行合同后评价, 总结合同签订和执行过程中的利弊得失和经验教训,提出分析报告,作为今后项目管理的借鉴资料。

合同分析报告应包括下列内容:

(1) 合同签订情况评价;

(2) 合同执行情况评价;

(3) 合同管理工作评价;

(4) 对本项目有重大影响的合同条款的评价;

(5) 其他经验和教训。

第三节　建设工程施工合同管理案例分析

【案例 1】

背景:

某大酒店(发包方)与装饰公司(承包方)签订了 1~5 楼装饰施工合同，工期为 5 个月。双方关于装饰材料的合同内容有:

(1) 石材由发包方指定材质、颜色和样品,并向承包方推荐供货商,由承包方与供货商签订供货合同。

(2) 其他装饰材料由承包方采购。

(3) 所有材料进场时都必须经监理工程师验收合格后方可使用。

双方关于工程价款的合同内容有:

(1) 工程造价为 1 880 万元,合同签订 10 日内,发包方向承包方支付合同价款 20%的预付款。

(2) 工程进度款按月支付,从进度款中按 5%的比例扣留质量保证金。

(3) 预付款在最后 2 个月扣除,每月各扣 50%。

在装饰施工合同履行过程中,出现下列情况:

(1) 承包商采购了一批大芯板，未经监理工程师同意就用于施工,经检验发现承包方未能提交该批材料的产品合格证、生产许可证、有害物质检测报告,且这批材料外观质量不好。

(2) 供货商将石材按合同采购量送达施工现场，进场检查时发现有部分石材存在色差不符合要求，监理工程师通知承包方不得使用。承包方要求供货商将不符合要求的石材退换，供货商要求承包方支付退货运费，承包方不同意支付。供货商要求发包方从应付承包方的工程款中扣除上述费用。

(3) 工程在保修期间，顶棚多处开裂，影响美观，发包方多次催促承包方修理，承包方一再拖延，最后发包方另请施工单位维修，修补费用为 1 万元。

问题：

(1) 大芯板的质量问题应如何处理，为什么？

(2) 回答关于石材方面的问题：

1) 业主指定石材材质、颜色和样品是否合理？

2) 承包方要求退换不符合要求的石材是否合理，为什么？

3) 厂家要求承包方支付退货运费、业主代扣运费款是否合理，为什么？

(3) 该工程 5～8 月每月拨付工程款为多少？累计工程款为多少？

(4) 维修费用如何处理？

分析与答案：

(1) 大芯版的问题处理

该批大芯板应暂停使用，因无三证（生产许可证、出厂合格证、检测报告）。承包方应提交合法有效的材料三证，若限期不能提交，该批材料退场；若能提交有效的材料三证，并经检验合格，方可用于工程。若检验不合格，该材料不得使用。

(2) 石材问题处理

1) 发包方指定石材材质、颜色、样品是合理的。

2) 要求供货商退货是合理的，因为其供货不符合购货合同质量要求。

3) 供货商要求承包方支付退货运费不合理，退货是因供货商违约，故供货商应承担责任。发包方代扣退货运费不合理，因购货合同关系与发包方无关。

4) 应由供货商承担，因责任在供货商。

(3) 各月拨付工程款为：

5 月 300×95％＝285 万元，累计工程款 285 万元；

6 月 380×95％＝361 万元，累计工程款 646 万元；

7 月 500×95％＝475 万元，累计工程款 1 121 万元；

8 月 600×95％－376×50％＝382 万元，累计工程款 1 503 万元。

(4) 1 万元维修费应从承包方的质量保证金中扣除。

【案例 2】

背景：

某综合楼工程，建筑面积 26 380 m²，其中地上建筑面积为 21 340 m²，地下室建筑面积为 5 040 m²，大楼分为裙楼和主楼，其中主楼 22 层，裙楼 5 层，均为框架结构。建设单位通过邀请招标的形式，把该项目委托给一家具备一级房屋建筑工程施工总承包资质的施工企业来实施，双方签订了工程施工总承包合同，合同工期为 421 天。企业管理层在开工前，要求项目经理部一定要按照企业的管理程序操作该项目。

在企业现有采购管理制度、工作程序的前提下，项目经理以工期紧张为由，在没有经过任何程序的情况下，直接指定一家钢筋供应商 A，在材料供应合同中明确约定，该工程主体结构的全部钢筋由供应商 A 供应，价格按当月造价信息公布的价格取季度最高价为依据，数量按其提供的购买发票上标明的数量结算。

项目经理部按企业的管理制度组织了 5 家商品混凝土搅拌站投标，通过公开招标选定了一家供应能力和质量保证能力好、价格较低的混凝土搅拌站供应商品混凝土。

项目经理将防水工程分包给某一分包单位承包施工。监理工程师在现场旁站实施监理过程中，发现该分包单位未经资质验证认可即进场施工并已进行了防水施工。

问题：

(1) 该项目钢材供应商的选择是否恰当？说明理由。

(2) 该工程商品混凝土供应商的选择是否恰当？说明理由。

(3) 监理工程师对模板分包单位出现的上述问题应如何处理？

(4) 考虑到工期紧张，该项目主体结构工程是否可以分包？说明理由。

分析与答案：

(1) 不恰当。选择的钢材供应商不符合企业的管理规定；价格不合理，结算数量按其提供发票上的数量存在漏洞；选择时违背了公平、公开、公正的原则。

(2) 恰当。执行了企业的管理规定，经过公开招标，选择了供应能力和质量保证能力好、价格较低的合格混凝土搅拌站供应商品混凝土。

(3) 通知施工单位、分包单位立即停止施工，检查完成部位，责成施工单位报送分包资质资料。若审查合格认可，通知施工单位分包可以进场施工；若审查资质不符合要求，通知施工单位分包必须立即退场，对所完工程进行质量鉴定。

(4) 不可以。根据《建设工程质量管理条例》第 25 条规定，施工单位不得违法分包工程。建设工程总承包单位将建设工程主体结构的施工分包给其他单位的，属于违法分包。

【案例 3】

背景：

某房地产开发公司开发建设一群体工程，包括一栋高层住宅楼和一栋公寓式办公楼，建筑面积共 4 万 m^2。招标承包范围为土建、安装等项目内容。房地产开发公司通过邀请招标，选择了一家国有大型建筑企业为中标单位，中标价格为 9 000 万元。双方参照 1999 年建设部和国家工商行政管理局制定的《建设工程施工合同(示范文本)》的合同条款格式签订了工程承包合同。本工程采用可调价格合同形式，在合同专用条款中明确规定了调整办法，同时在补充协议条款中明确了钢筋、商品混凝土的计价方式按当地造价信息价格下浮5%计算。双方约定合同工期为18个月，计划开工2004年2月10日，竣工2005年8月10日，具体开工日期以施工许可证上的时间为准，如非承包人原因工期可顺延。在合同中明确了延期交工和提前竣工的奖罚办法，不按时竣工每延迟一天按一万元人民币罚款，每提前一天按合同价款的0.05%奖励。双方约定的合同付款支付方式如下：本工程没有预付款，工程款按月进度支付，每次支付完成量的80%，累计支付到工程合同价款的80%时停止拨付，竣工验收合格后或该工程预结算完成一个月内再付15%，其余5%待保修期满后10日内一次付清。

在合同实施前，承包单位对该合同内容进行了必要的分析。

问题：

(1) 什么是可调价合同？与固定价格合同有什么不同？

(2) 在合同分析时，对于合同约定的承包人主要任务方面，承包人应掌握哪些内容？

(3) 承包人进行合同分析时，在合同价格方面应注意哪些问题？

(4) 施工合同示范文本由哪几部分组成？各部分的作用是什么？

(5) 按照施工合同范本通用条件的规定，通常在哪些情况下，承包商可以要求顺延工期？

分析与答案：

(1) 可调价合同，是针对固定价格而言，通常用于工期较长的施工合同。对于工期较长的合同，发包人和承包人在招投标阶段和签订合同时不可能合理预见合同履行期间物价浮动和后续法规等变化对合同价款的影响，为了合理分担外界因素影响的风险，应采用可调价合同。可调价合同的计价方式与固定价格合同基本相同，只是增加可调价的条款，在专用条款内应明确约定调价的计算方法。

(2) 进行合同分析时，对于合同约定的承包人的主要任务，承包人应注意以下问题：

1）明确承包人的总任务，即合同标的；

2）明确合同中的工程量清单、图纸、工程说明、技术规范的含义，工程范围的界限应很清楚；

3）明确工程变更的补偿范围；

4）明确工程变更的索赔有效期，由合同具体规定，一般为28天。

（3）承包人进行合同分析时，在合同价格方面应注意下列问题：

1）合同所采用的计价方法及合同价格所包括的范围；

2）工程计量程序，工程款结算（包括进度款、竣工结算、最终结算）方法和程序；

3）合同价格的调整，即费用索赔的条件、价格调整方法、计价依据、索赔有效期规定；

4）拖欠工程款的合同责任。

（4）施工合同示范文本由《协议书》、《通用条款》和《专用条款》三部分组成，并附有三个附件。协议书是施工合同的总纲性法律文件，经过双方当事人签字盖章后合同即成立。通用条款是规范承发包双方履行合同义务的标准化条款，所列条款的约定不区分具体工程的行业、地域、规模等特点，只要属于建筑安装工程均可适用。合同范本中的专用条款部分为当事人提供了编制具体合同时应包括内容的指南，具体内容由当事人根据发包工程的实际要求细化。

（5）按照施工合同范本通用条件的规定，以下原因造成的工期延误，经工程师确认后工期相应顺延：

1）发包人不能按专用条款的约定提供开工条件；

2）发包人不能按约定日期支付工程预付款、进度款，致使工程不能正常进行；

3）工程师未按合同约定提供所需指令、批准等，致使施工不能正常进行；

4）设计变更和工程量增加；

5）一周内非承包人原因停水、停电、停气造成停工累计超过 8 小时；

6）不可抗力；

7）专用条款中约定或工程师同意工期顺延的其他情况。

第四章　建设工程施工索赔

第一节　建设工程施工索赔概述

一、建设工程索赔的起因和分类

（一）索赔的概念

索赔是指在合同的实施过程中，合同一方因对方不履行或未能正确履行合同所规定的义务或未能保证承诺的合同条件实现而遭受损失后，向对方提出的补偿要求。

索赔是相互的、双向的，承包方可以向发包方索赔，发包方也可以向承包方索赔。索赔是当事人保护自身正当利益、弥补损失、减少违约的有效手段，是一种以法律和合同为依据的行为，是双方在分担工程风险方面的责任再分配。

由于建设工程施工合同以承包方完成合同约定的施工项目为目标，承包方在合同履行过程中作为合同义务的承担者，在施工中面对各种复杂情况，索赔难度大，因此以下介绍的索赔内容主要以承包方的索赔为主。

（二）建设工程索赔的起因

引起建设工程索赔的原因有很多，概括起来有以下各点：

（1）发包方违约，包括发包方和工程师没有履行合同责任，没有正确地行使合同赋予的权利，管理失误，不按合同支付工程款等。

（2）合同错误，如合同条文不全、错误、矛盾，设计图纸、技术规范错误等。

（3）合同变更，如双方签订新的变更协议、备忘录、修正案，发包方下达工程变更指令等。

(4)工程环境变化,包括法律、市场物价、货币兑换率、自然条件的变化等。

(5)不可抗力因素,如恶劣的气候条件、地震、洪水、战争。

(三) 索赔分类

1. 按索赔事件的影响分类

(1) 工期拖延索赔

由于发包方未能按合同规定提供施工条件, 如未及时交付设计图纸、技术资料、场地、道路等;或非承包方原因发包方指令停止工程实施; 或其他不可抗力因素作用等原因, 造成工程中断,或工程进度放慢,使工期拖延,承包方提出索赔。

(2) 不可预见的外部障碍或条件索赔

在施工期间, 承包方在现场遇到一个有经验的承包方通常不能预见到的外界障碍或条件, 例如地质与发包方提供的资料不符,出现未预见到的岩石、淤泥或地下水等。

(3) 工程变更索赔

由于发包方或工程师指令修改设计、增加或减少工程量、增加或删除部分工程、修改实施计划、变更施工次序,造成工期延长和费用损失,致使承包方提出索赔。

(4) 工程终止索赔

由于不可抗力的影响、发包方违约等原因, 使工程被迫在竣工前停止实施, 并不再继续进行, 使承包方蒙受经济损失提出索赔。

(5) 其他索赔

在工程实施中如货币贬值、汇率变化,物价和工资上涨、政策法令变化、发包方推迟支付工程款等原因引起的索赔。

2. 按索赔要求分类

(1) 工期索赔,即要求发包方延长工期,推迟竣工日期。

(2) 费用索赔, 即要求发包方补偿费用损失, 调整合同价格。

3. 按索赔所依据的理由分类

（1）合同内索赔

索赔以合同为依据，发生了合同规定给承包方以补偿的干扰事件，承包方可根据合同规定提出索赔要求。

（2）合同外索赔

工程过程中发生的干扰事件的性质已经超过合同范围，而在合同中找不出具体的依据，必须根据适用于合同关系的法律解决索赔问题。

（3）道义索赔

由于承包方应负责的风险而造成承包方重大的损失，发包方对此主动给予的经济补偿。

4. 按索赔的处理方式分类

（1）单项索赔

单项索赔是针对某一干扰事件提出的，在干扰事件发生时或发生后由合同管理人员立即进行处理，并在合同规定的索赔有效期内向发包方提交索赔意向书和索赔报告。

（2）总索赔

也叫一揽子索赔或综合索赔。一般在工程竣工前，承包方将工程过程中未解决的单项索赔集中起来，提出一份总索赔报告，合同双方在工程交付前或交付后进行最终谈判，以一揽子方案解决索赔问题。

二、建设工程索赔成立的条件

（一）索赔成立的条件

索赔的根本目的是保护自身应得的利益，而要取得索赔的成功，必须符合如下基本条件：

（1）与合同对照，事件已造成了承包方工程项目成本的额外支出，或直接工期损失。

（2）造成费用增加或工期损失的原因，按合同约定不属于承包方的行为责任或风险责任。

（3）承包方按合同规定的程序提交索赔意向通知和索赔

报告。

(二) 施工项目索赔应具备的理由

当出现下列情况之一造成承包方时间、费用损失时,承包方应提供索赔证据,实施索赔程序。

(1) 发包方违反施工合同。

(2) 因工程变更,包括设计变更、发包方提出的工程变更、监理工程师提出的工程变更,以及承包方提出并经监理工程师批准的变更等。

(3) 由于监理工程师对合同文件的歧义解释、技术资料不确切,或由于不可抗力导致施工条件的改变。

(4) 发包方提出提前完成项目或缩短工期。

(5) 发包方延付工程款。

(6) 对合同规定以外的项目进行检验,且检验合格,或非承包方的原因导致项目缺陷的修复所发生的损失或费用。

(7) 非承包方的原因导致工程暂时停工。

(8) 物价上涨,法规变化及其他。

三、建设工程索赔的依据

1. 合同文件

合同文件是索赔的最主要依据,包括:合同协议书;中标通知书;投标书及其附件;合同专用条款;合同通用条款;标准、规范及有关技术文件;图纸;工程量清单;工程报价单或预算书。

合同履行中,发包方承包方有关工程的洽商、变更等书面协议或文件视为合同的组成部分。

建设工程施工合同条件中有许多承包方可以选用的索赔条款(见表 4-1)。

2. 订立合同所依据的法律法规

建设工程合同文件适用的法律和行政法规;需要明示的法律、行政法规,由双方在专用条款中约定;双方在专用条款内约定适用的国家标准、规范的名称。

表 4-1　建设工程施工合同条件下的施工索赔条款

合同条款号	合同条款主要内容
6.2	工程师指令错误
7.3	情况紧急时承包商采取应急措施
8.2	承包商代行业主合同义务
8.3	业主未履行合同义务
9.1(1)	承包商完成施工图设计或与工程配套的设计
9.1(4)	承包商向业主提供现场临时设施
9.1(5)	承包商按业主要求对已竣工工程采取特殊保护
11.1	承包商要求延期开工,工程师未按期答复
11.2	业主原因延期开工
12	业主原因暂停施工
13.1	业主原因或不可抗力延误工期
14.3	业主要求提前竣工
16.3	工程师检查检验影响正常施工,检验结果合格
18	工程师重新检验隐蔽工程,检验结果合格
19.5(1)	设计方原因导致试车验收不合格
19.5(2)	业主采购的设备导致试车不合格
19.5(4)	未包括在合同价款内的试车费用
20.2	业主原因导致的安全事故
21.1 ~ 21.2	承包商提出且经工程师认可的特殊场所的安全防护措施
22.1	业主造成的重大伤亡及其他安全事故
23.3	可调价格合同中约定的价款调整因素
24	预付款延期支付利息
26.3	进度款延期支付利息
27.3	承包商保管业主按期供应的材料设备
27.4(1)	业主供应材料设备单价与合同不符

续表

合同条款号	合同条款主要内容
27.4(3)	业主供应材料设备规格型号与合同不符并由承包商调剂串换
27.4(6)	承包商保管业主提前到货的材料设备
27.5	业主供应材料设备由承包商负责检验或试验
28.5	承包商使用经工程师认可的代用材料
29.1	业主提出的设计变更
29.3	经工程师同意的承包商合理化建议
33.3	竣工结算价款延期支付利息
39	发生不可抗力
40.2 ~ 40.3	运至现场材料和待安装设备保险及委托承包商办理的保险
42.1	业主要求使用专利技术及特殊工艺
43.1 ~ 43.2	施工中发现文物及地下障碍物
44.6	合同解除后的工程保护及撤离

3. 相关证据

证据是指能够证明案件事实的一切材料。可以作为证据使用的材料包括：

书证、物证、证人、视听材料、当事人陈述、鉴定结论、勘验、检验笔录。

在工程索赔中的证据有:招标文件、合同文本及附件;其他的各种签约(备忘录,修正案等);发包方认可的工程实施计划;各种工程图纸(包括图纸修改指令);技术规范等;来往信件;各种会谈纪要;施工进度计划和实际施工进度记录;施工现场的工程文件;工程照片;气候报告;工程中的各种检查验收报告和各种技术鉴定报告;工地的交接记录(应注明交接日期,场地平整情况,水、电、路情况等)、图纸和各种资料交接记录;建筑材料和设备的采购、订货、运输、进场,使用方面的记录、凭证和报表等;

市场行情资料,包括市场价格、官方的物价指数、工资指数、中央银行的外汇比率等公布材料;各种会计核算资料;国家法律、法令、政策文件等。

第二节　建设工程施工索赔程序与方法

一、施工索赔程序

索赔程序是指从索赔事件产生到最终处理全过程所包括的工作内容及程序。

1. 提出索赔意向

当出现索赔事项时,承包方应在索赔事项发生后的 28 天以内,以索赔通知书的形式,向工程师提出索赔意向通知。

2. 报送索赔资料

在索赔通知书发出后的 28 天内,向工程师提出延长工期和(或)补偿经济损失的索赔报告及有关资料。

3. 工程师的审核答复

工程师在收到承包方送交的索赔报告有关资料后,于 28 天内给予答复,或要求承包方进一步补充索赔理由和证据。

工程师在收到承包方送交的索赔报告的有关资料后 28 天内未予答复或未对承包方作进一步要求,视为该项索赔已经认可。

4. 持续索赔

当索赔事件持续进行时，承包方应当阶段性地向工程师发出索赔意向,在索赔事件终了后 28 天内,向工程师送交索赔的有关资料和最终索赔报告,工程师应在 28 天内给予答复或要求承包方进一步补充索赔理由和证据。逾期未答复,视为该项索赔成立。

二、索赔文件的编制方法

索赔文件即索赔报告，是合同一方正式向对方提出索赔要求的书面文件。索赔文件的表达与内容对索赔成功与否有重大影响,必须认真对待。包括以下 4 部分。

1. 总述部分

概要论述索赔事项发生的日期和过程；承包方为该索赔事项付出的努力和附加开支;承包方的具体索赔要求。

2. 论证部分

论证部分是索赔报告的关键部分，其目的是说明自己有索赔权,是索赔能否成立的关键。

3. 索赔款项(或工期)计算部分

论证部分的任务是解决索赔权能否成立，而款项的计算是为解决能得到多少赔付。前者定性,后者定量。

4. 证据部分

索赔一方要注意引用证据的效力及可信程度，对重要的证据资料应附以文字说明,或附以确认件。

三、索赔计算方法

1. 费用索赔

可索赔的费用内容一般可以包括以下几个方面:

(1) 人工费

包括人员闲置费、加班工作费、额外工作所需人工费用、劳动效率降低和人工费的价格上涨等费用。但不能简单地用计日工费计算。

(2) 施工机械使用费

包括机械闲置费、额外增加的机械使用费和机械作业效率降低费等。

(3) 材料费

包括额外材料使用费、增加的材料运杂费、增加的材料采购及保管费用和材料价格上涨费用等。

(4) 保函手续费

工程延期时,保函手续费相应增加,反之,取消部分工程且发包方与承包方达成提前竣工协议时，承包方的保函金额相应折减，则计入合同价内的保函手续费也应扣减。

（5）贷款利息

包括由于工程变更和工程延期，使承包商不能按原来计划收到合同款，造成资金占用产生利息；也包括延迟支付工程款利息。

（6）保险费

（7）利润

包括合同变更利润、工程延期利润机会损失、合同解除利润和其他利润补偿等。

（8）管理费

此项又可分为现场管理费和企业管理费两部分，由于二者的计算方法不一样，所以在审核过程中应区别对待，其中现场管理费包括承包商现场管理人员食宿设施费、交通设施费等；企业管理费包括办公费、通信费、差旅费和职工福利费等。

2. 费用索赔的计算方法

费用索赔的计算方法主要有实际费用法、修正总费用法等。

（1）实际费用法

该方法是按照索赔事件所引起损失的费用项目分别分析计算索赔值，然后将各费用项目的索赔值汇总，即可得到总索赔费用值。

（2）修正总费用法

在总费用计算的原则上，去掉一些不确定的可能因素，对总费用法进行相应的修改和调整，使其更加合理。

3. 工期索赔

（1）工期索赔的计算方法

工期索赔的计算方法主要有网络图分析法和比例计算法两种。

1）网络图分析法：网络图分析法是利用进度计划的网络图，分析其关键线路。如果延误的工作为关键工作，则总延误的时间为批准顺延的工期；如果延误的工作为非关键工作，当该工作由于延误超过时差限制而成为关键工作时，可以批准延误时间与时差的差值;若该工作延误后仍为非关键工作,则不存在工期索赔问题。

2）比例计算法:该方法主要应用于工程量有增加时工期索赔的计算,公式为:

工期索赔值 = 额外增加工程量的价格 ÷ 原合同总价 × 原合同总工期

（2）在工期索赔中应当注意的问题

工期延误只有可原谅延期部分才能批准顺延合同工期。可原谅延期，又可细分为可原谅并给予补偿费用的延期和可原谅但不给予补偿费用的延期。只有位于关键线路上工作内容的滞后,才会影响到竣工日期。在工期索赔中特别应当注意以下问题:

1）划清施工进度拖延的责任:只有可原谅延期部分才能批准顺延合同工期。可原谅延期,又可细分为可原谅并给予补偿费用的延期和可原谅但不给予补偿费用的延期。

2）被延误的工作应是处于施工进度计划关键线路上的施工内容:只有位于关键线路上工作内容的滞后,才会影响到竣工日期。但有时也应注意,既要看被延误的工作是否在批准进度计划的关键路线上，又要详细分析这一延误对后续工作的可能影响。因为若对非关键路线工作的影响时间较长,超过了该工作可用于自由支配的时间，也会导致进度计划中非关键路线转化为关键路线,其滞后将影响总工期的拖延。此时,应充分考虑该工作的自由时间,给予相应的工期顺延,并要求承包方修改施工进度计划。

（3）工期索赔处理的原则

由于工程延误而进行工期索赔处理的原则见表 4–2。

在实际施工中,如果由于发包方、工程师或承包方及某些客观因素共同作用下产生工期延误,称为共同延误。在共同延误情况下,要具体判断索赔的有效性,其原则为:

表 4-2　由于工程延误进行工期索赔处理的原则

工程延误原因	责任方	处理原则	索赔内容
1. 修改设计 2. 施工条件变化 3. 发包方原因延误 4. 工程师原因延误	发包方或工程师	可给予工期顺延；可补偿经济损失	工期及经济补偿
不可抗力	客观原因	可给予工期顺延；不可补偿经济损失	工期
1. 工效低 2. 施工组织不当 3. 材料设备供应不及时	承包方	工期不能顺延，同时向发包方承担经济赔偿责任	无权索赔

1）首先判断造成工程延误最先发生的原因，即“初始延误者”，初始延误者应对工程延误负责，其他并发的延误者不承担工程延误责任。

2）如果初始延误者是发包方，则在发包方延误期间内，承包方既可顺延工期，又能得到经济补偿。

3）如果初始延误者是客观因素，则在客观因素发生影响的时期内，承包方可以得到工期顺延，但很难得到经济补偿。

【例 4-1】2005 年某建筑工程发包方与承包方签订了施工合同。施工合同《专用条件》规定：钢材、木材、水泥由发包方供货到现场仓库，其他材料由承包商自行采购。

因发包方提供的材料未到，使该项作业从 6 月 8 日至 6 月 23 日停工（该项作业的总时差为零）。

6 月 12 日至 6 月 14 日因停电、停水使工程停工（该项作业的总时差为 5 天）。

6 月 21 日至 6 月 24 日因机械发生故障使某段工程迟延开工（该项作业的总时差为 4 天）。

为此，承包方于 6 月 28 日向工程师提交了一份索赔意向书，并于7月7日送交了一份工期、费用索赔计算书和索赔依据的详细材料。

经双方协商一致，窝工机械设备费索赔按台班单价的65%计；考虑对窝工人工应合理安排工人从事其他作业后的降效损失，窝工人工费索赔按每工日20元计；保函费计算方式按有关规定计算；管理费、利润损失不予补偿。

1. 工期索赔

（1）6月8日至6月23日由于发包方原因造成的材料供应不及时延误工时，且该项作业位于关键路线上，应予工期补偿16天；

（2）6月12日至6月14日由于该项停工虽非承包方造成，但该项作业不在关键路线上，且未超过工作总时差，不能得到工期索赔；

（3）6月21日至6月24日迟延开工，因为属于承包方自身原因造成的，所以不予工期补偿。

综上分析本工程能得到的工期补偿为：16 + 0 + 0 = 16（天）

2. 费用索赔

（1）窝工机械费

塔吊1台：16 × 234 × 65% = 2 433.6（元）（按惯例闲置机械只应计取折旧费，该设备台班单价为234元）。

混凝土搅拌机1台：16 × 55 × 65% = 572（元）（按惯例闲置机械只应计取折旧费，该设备台班单价为55元）。

砂浆搅拌机1台：3 × 24 × 65% = 46.8（元）（因停电闲置可按折旧计取，该设备台班单价为24元）。

小计：2433.6 + 572 + 46.8 = 3 052.4（元）

（2）窝工人工费

第一项事件窝工：35 × 20 × 16 = 11 200（元）（本工序的日派工人数为35人，发包方原因造成，但窝工工人已做其他工作，所以只补偿工效差）；

第二项事件窝工：30 × 20 × 3 = 1 800（元）（该工序的日派工

人数为 30 人,发包方原因造成,只考虑降效费用);

第三项事件不能得到赔偿。

小计:11 200 + 1 800 = 13 000(元)

(3) 保函费补偿

19 000 000 × 10% × 6‰ ÷ 365 × 16 = 499.73 (元)(该工程项目投资总额为 1 900 万元,保险费率为 10%,手续费率为 6‰)

经济补偿合计:3 052.4 + 13 000 + 499.73 = 16 552.13(元)

第三节　施工索赔案例分析

【案例 1】

背景:

某会议中心新建会议楼,土建工程已先期通过招标确定了施工单位,并且已经基本具备装修条件,为保证内部装饰效果,经研究决定,装修工程部分单独招标,采用公开招标的形式确定施工队伍,在招标文件中明确了如下部分条款:

(1) 报价采用工程量清单的形式。

(2) 结合招标公司提供的工程量清单,各家单位应对现场进行翔实的踏勘,所报价格为综合单价,视为已经考虑了各种综合因素。

(3) 本工程装饰施工期间适逢两会期间。由于会议中心要接待"两会"代表,所以 3 月 10 日至 3 月 22 日期间停止施工,无论谁家中标,建设单位都理解为中标单位的报价应已综合考虑了停工因素,保证不因此情况追加工程款。

(4) 主要装饰部位的石材由建设单位供货。

经过激烈竞争,某装饰公司中标。双方签订《建筑装饰工程施工合同》,部分合同条款如下(合同中甲方为建设单位,乙方为施工单位):

甲方按照协议条款约定的材料种类、规格、数量、单价、质量等级和提供时间、地点的清单，向乙方提供材料及其产品合格证明。甲方代表在所提供材料验收 24 小时前将通知送达乙方，乙方派人与甲方一起验收。无论乙方是否派人参加验收，验收后由乙方保管，甲方支付相应的保管费用。发生损失或丢失，由乙方负责赔偿。甲方不按规定通知乙方验收，乙方不负责材料设备的保管，损坏或丢失由甲方负责。甲方供应的材料与清单或样品不符，按下列情况分别处理：

（1）数量多于清单数量时，甲方负责将多余部分运出施工现场；

（2）迟于清单约定时间供应导致的追加合同价款，由甲方承担。发生延误，工期相应顺延，并由甲方赔偿乙方由此造成的损失。

施工单位进场后，发现大堂标高为 8.7 m，报告厅标高为 4.6 m，遂提出工程变更洽商申请，要求增加脚手架搭设的费用，申请递交监理单位 8 天后，在没有得到回复的情况下，施工单位开始脚手架搭设施工。

在进行大堂石材施工后，为保证石材在脚手架拆除过程中和施工过程中不被破坏，建设单位口头通知施工单位对石材用大芯板进行保护，后施工单位上报工程洽商变更单要求建设单位签字，建设单位拒签。

由于特殊原因，会议中心须接待开提前预备会的代表，停工时间提前至 3 月 1 日，建设单位正式下通知要求施工单位严格遵守调整后的停工时间。

建设单位从深圳采购石材，在汽运过程中由于南方发大水，高速路封闭，石材迟于清单约定时间 6 天到达现场，建设单位书面通知乙方验收。由于石材晚到场耽误了整体完工时间，共计超出工期 6 天完工。

在结算过程中，施工单位提出在原合同价格基础上增加以下费用：

（1）脚手架搭设费用 35 000 元；

（2）石材保护增加费用 12 000 元；

（3）会议停工损失每日 6 000 元，共计 22 天 × 6 000 元 = 132 000 元；

（4）石材保管费 340 万元 × 1% = 3.4 万元（石材总价 340 万元），误工费 6 天 × 6 000 元 = 3.6 万元。

以上费用增加的理由是：

（1）脚手架费用增加问题：现场有土建施工单位，作为该项目的总包单位，脚手架的搭设应由总包单位完成，但是他们没有尽到应尽的义务。而施工单位进场后，向监理单位提交了关于申请搭设脚手架的变更洽商单，根据合同条款规定，洽商递交 7 天没有回复视为默认，施工单位可以施工并要求建设单位支付相关变更增加费用。

（2）大堂石材保护非工程量清单所包含的内容，是建设单位口头通知要求增加的，并且已经按照建设单位要求实施，所以该项费用应由建设单位支付。

（3）按照合同约定，一周内停工超过 48 小时的应追加停工增加费。停工有建设单位正式通知，所以此项费用应予以认可。

（4）根据合同对于甲方供立材料的约定，应该给施工单位材料保管费，因建设单位造成的工期延误，建设单位应赔偿施工单位相应损失。

以上费用建设单位均不予认可，理由是：

（1）脚手架费用增加问题：在投标阶段，要求施工单位对现场进行勘察，图纸和现场都可以反映出大堂和多功能厅的实际标高，施工单位在编制工程量清单时，在措施项目清单中对脚手架搭设费用应该有所考虑，在结算过程中要求追加此部分费用，不能予以认可。

（2）石材保护是施工单位应尽的义务，增加费用的说法不成立。

（3）招标文件中对停工已经有了说法，且施工单位在投标承诺中也对此承诺不增加费用，请施工单位详读招标文件和投标承诺。

(4) 石材供应延误是不可抗力，所以工期延误赔偿不予认可。

双方对以上问题争执不下。

问题：

(1) 建设单位是否应支付脚手架搭设增加费用？为什么？

(2) 建设单位拒付石材保护增加费用的做法是否合理？如果由口头通知变为监理通知，建设单位是否应当支付此费用？

(3) 建设单位是否应支付停工费用，为什么？

(4) 建设单位是否应承担因石材迟于清单约定时间供货而导致的工期延误赔偿，为什么？

(5) 建设单位应该增补的费用共计多少？

分析与答案：

(1) 建设单位不应支付脚手架搭设增加费用。其原因是：在投标报价中施工单位没有要求增加此部分费用，则根据招标文件原则，视为此项费用已包含在其他项目的综合单价中，在工程范围不变的情况下，工程费用不予调整。

(2) ①建设单位不应支付石材保护增加费用。其原因是：对石材进行保护是施工单位为保证施工质量的技术措施，一般在建设单位没有批准追加相应费用的情况下，技术措施费用应由施工单位自行承担。②口头通知不能作为办理工程结算的依据，但即便是口头通知变为监理通知，由于施工单位所报的工程量清单的综合单价中已经包含了技术措施费，且建设单位没有认可追加费用，所以此项费用也不能增加。

(3) 建设单位应当支付从 3 月 1 日至 3 月 9 日共 9 天的停工补偿费用共计 $9 \times 6\,000 = 5.4$ 万元。

(4) 建设单位应承担因工期延误造成的工期赔偿，因建设单位应该考虑到石材运输过程中的各种因素，不属于不可抗力，应予支付工期补偿费用。

(5) 建设单位共应增补费用为：

会议停工补偿：5.4 万元；

石材保管费:3.4 万元;

工期延误补偿:3.6 万元;

共计:12.4 万元。

【案例 2】

背景:

某公司在北京地区新建一办公楼,建筑面积 20 000 m^2,开工日期为 2001 年 6 月 20 日,竣工日期为 2003 年 11 月 20 日。工程按照合同约定顺利开工,在结构工程施工到一半时,甲方与承包商协商,并达成如下协议:甲方将该楼外墙的玻璃幕装修项目、室内隔墙砌筑项目,单独发包给专业公司施工,并支付承包商分包项目价格的 1.5% 作为管理配合费使用,专业公司按承包商管理要求的日期进场,有关工程款由甲方直接支付给专业公司。

承担外墙玻璃幕装修项目的专业公司根据有关承包商的要求,于 2002 年 4 月 20 日进场施工,但是在进场后的 2002 年 6 月 10 日,该专业公司因甲方未按其双方签署的合同约定支付工程款而停工,承包商因外墙装修停工,原计划 2002 年 10 月 20 日开始的其他外墙施工项目无法进行。

外墙装修项目在 2003 年 6 月才恢复施工。

在 2002 年 5 月 20 日,承包商按进度计划安排,要求室内隔墙砌筑项目的施工单位进场,要求完工日期为 2002 年 11 月 20 日。该项目的施工单位按合同约定准时进场。在施工过程中,因施工质量不合格,多次返工,致使承包商的机电施工受到影响。直到 2003 年 3 月 20 日才合格地完成砌筑任务,致使机电项目施工拖延了 5 个月。

问题:

(1)承包商是否可以因外墙装修项目停工,向发包人提出工期索赔、经济损失索赔?

(2)发包人是否可以向外墙玻璃幕装修单位因停工提出经

济损失的索赔？为什么？

（3）因室内砌筑进展缓慢，承包商是否可以向发包人提出工期索赔和窝工索赔？

分析与答案：

（1）承包商可以向发包人提出工期索赔和经济索赔，因为工期的延长和因工期延长引发的费用增加不是承包人自身原因造成的。

（2）发包人因自身原因未能按合同约定支付工程款，给外墙玻璃幕装修项目的施工单位造成了经济损失，故不能对该施工单位进行索赔，而且该项目的施工单位可以向发包人提出工期索赔和经济损失索赔。

（3）因室内砌筑进展缓慢，承包商可以向发包人提出工期索赔和窝工费用损失索赔。

【案例 3】

背景：

某办公楼由 12 层主楼和 3 层辅楼组成。施工单位（乙方）与建设单位（甲方）签订了承建该办公楼施工合同，合同工期为 41 周。合同约定，工期每提前（或拖后）1 天奖励（或罚款）2 500 元。乙方提交了粗略的施工网络进度计划，并得到甲方的批准。该网络进度计划如下图所示：

施工过程中发生了如下事件：

事件一：在基坑开挖后，发现局部有软土层，乙方配合地质复查，配合用工 10 个工日。根据批准的地基处理方案，乙方增加

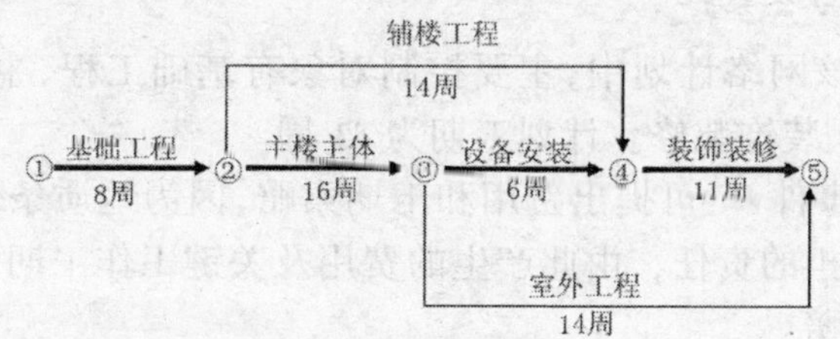

直接费 5 万元。因地基复查使基础施工工期延长 3 天,人工窝工 15 个工日。

事件二:辅楼施工时,因某处设计尺寸不当,甲方要求拆除已施工部分并重新施工,因此造成增加用工 30 个工日,材料费、机械台班费计 2 万元,辅楼主体工作拖延 1 周。

事件三:在主楼主体施工中,因施工机械故障造成工人窝工 8 个工日,该工作工期延长 4 天。

事件四:因乙方购买的室外工程管线材料质量不合格,甲方令乙方重新购买,因此造成该项工作多用人工 8 个工日,该项工作工期延长 4 天,材料损失费 1 万元。

事件五:鉴于工期较紧,经甲方同意,乙方在装饰装修时采取了加快施工的技术措施,使得该项工作缩短了 1 周,该项技术组织措施费 0.6 万元。

其余各项工作实际作业工期和费用与原计划相符。

问题:

(1) 该网络计划中哪些工作是主要控制对象(关键工作),计划工期是多少?

(2) 针对上述每一事件,分别简述乙方能否向甲方提出工期及费用索赔?说明理由。

(3) 该工程可得到的工期补偿为多少天?工期奖(罚)款是多少?

(4) 合同约定人工费标准是 30 元 / 工日,窝工人工费补偿标准是 18 元 / 工日,该项工程相关直接费、间接费等综合取费率为 30%。在工程清算时,乙方应得到的索赔款是多少?

分析与答案:

(1) 该网络计划中,主要控制对象有基础工程、主楼工程、设备安装、装饰装修。计划工期为 41 周。

(2) 事件一:可提出费用和工期索赔,因为地质条件变化是甲方应承担的责任,由此产生的费用及关键工作工期延误都可以提出索赔。

事件二:可提出费用索赔,因为乙方费用的增加是由甲方原因造成的,可提出费用索赔;而该项关键工作的工期延误不会影响到整个工期,不必提出工期索赔。

事件三:不应提出任何索赔,因为乙方的窝工费及关键工作工期的延误是乙方自身原因造成的。

事件四:不应提出索赔,因为室外工程管线材料质量不合格是乙方自身的原因造成的，由此产生的费用和工期延误应由自己承担。

事件五:不应提出任何索赔,因为乙方采取的加快施工的技术措施是为了赶工期做出的决策,属于自身原因。

(3) 该工程可得到的工期补偿为 3 天。关键工作中,基础工程工期的延误已获得工期索赔,主楼主体工程工期延长 3 天;而装饰装修工程工期缩短了 1 周，其余非关键工作的工期拖延对总工期无影响,总工期缩短了 4 天,故工期奖励对应的天数为 4 天,工期奖励款为 4 天 × 2 500 元 / 天 = 10 000 元。

(4) 乙方应得到的索赔额为:(15 个工日 × 18 元 / 工日 + 40 工日 × 30 元 / 工日 + 50 000 + 20 000) × (1 + 30%) = 92 911 元。

参考文献

[1] 林密.工程项目招投标与合同管理 2 版[M].北京:中国建筑工业出版社,2007.

[2] 全国一级建造师执业资格考试用书编写委员会.建设工程经济[M].北京:中国建筑工业出版社,2004.

[3] 王武齐.建筑工程计量与计价 2 版[M].北京:中国建筑工业出版社,2007.

[4] 中国建设监理协会组织编写.建设工程合同管理[M].北京:知识产权出版社,2003.